Ihre Arbeitshilfen zum Download:

Die folgenden Arbeitshilfen stehen für Sie zum Download bereit:

- Startup Sales Canvas ®,
- Viele Checklisten, z. B. für Zielgruppe, USP, Elevator Pitch, Marktplätze, Buyer Personas, Onlineshop, usw.
- Vorlagen SWOT-Analyse, Nutzenspinne, Positionierung, usw.

Den Link sowie Ihren Zugangscode finden Sie am Buchende.

Sales Canvas für Start-ups

Klaus Wächter

Sales Canvas für Start-ups

Vertriebserfolg im neu gegründeten Business

1. Auflage

Haufe Group
Freiburg · München · Stuttgart

Bibliografische Information der Deutschen Nationalbibliothek

Die Deutsche Nationalbibliothek verzeichnet diese Publikation in der Deutschen Nationalbibliografie; detaillierte bibliografische Daten sind im Internet über http://dnb.dnb.de/ abrufbar.

Print: ISBN 978-3-648-14317-9 Bestell-Nr. 10567-0001
ePub: ISBN 978-3-648-14318-6 Bestell-Nr. 10567-0100
ePDF: ISBN 978-3-648-14319-3 Bestell-Nr. 10567-0150

Klaus Wächter
Sales Canvas für Start-ups
1. Auflage, November 2020

www.haufe.de
info@haufe.de

Bildnachweis (Cover): oberonsk, Adobe Stock

Produktmanagement: Judith Banse
Lektorat: Juliane Sowah

Inhaltsverzeichnis

Vorwort: Der Grund für dieses Buch ... 11

1 **Der Unterschied zwischen Start-ups und Unternehmen im Vertrieb** ... 17
1.1 Keiner hat auf euch gewartet! ... 18
1.2 Vertrieb ist Chefsache! ... 18
1.3 Löst die Probleme der Kunden! ... 18
1.4 Fangt rechtzeitig mit dem Vertrieb an! ... 18
1.5 Plant Budget und Ressourcen ein! ... 19
1.6 Positioniert euch! ... 19
1.7 Nicht aufgeben! ... 19

2 **Wieso scheitern Start-ups?** ... 21
2.1 Das Problem der Businesspläne ... 22
2.2 Trügerische Sicherheit von Wettbewerben ... 22
2.3 20 Gründe für das Scheitern ... 23

3 **Startup Sales Canvas ®: dein Vertriebsmodell kompakt** ... 31
3.1 Die Basis: das Business Model Canvas ... 31
3.2 Das Startup Sales Canvas ® ... 35
3.3 Die Anwendung ... 39

4 **Baustein 1: Positionierung/Markenversprechen** ... 43
4.1 (Anfänger-)Fehler ... 43
4.2 Argumente für eine starke Marke ... 45
4.3 Die Positionierung ... 46
4.4 Das Ergebnis ... 46
4.5 Zehn erfolgreiche Beispiele ... 50
4.6 Exkurs: Interview mit Wendelin Abresch ... 56

5 **Baustein 2: Ressourcen** ... 59

6 **Baustein 3: Wettbewerber** ... 63
6.1 Die Wettbewerbsanalyse ... 63
6.2 Die Daten ... 64
6.3 Die Zielgruppe der Analyse ... 65

7 **Baustein 4: USP – Elevator Pitch – Storytelling** ... 67
7.1 Der USP/das Alleinstellungsmerkmal ... 67
7.2 Elevator Pitch ... 70
7.3 Storytelling ... 73
7.4 Die mymuesli-Story ... 75

8 **Baustein 5: Zielgruppen(-besitzer), Personas, Wunsch- und Nichtkunden** ... 77
8.1 Die Zielgruppe ... 78
8.2 Die Zielgruppenbesitzer ... 85
8.3 Buyer Personas ... 91
8.4 Kundentypen ... 95
8.5 Sinus-Milieus ... 102
8.6 Wunschkunden ... 103
8.7 Und was ist mit Nichtkunden? ... 104

9 **Baustein 6: Vertriebswege** ... 107
9.1 Vier Kriterien für den richtigen Vertriebsweg ... 107
9.2 Die Vertriebswege ... 108

10 **Baustein 7: Preis und Preismodell** ... 127
10.1 Der richtige Preis ... 127
10.2 Die Preismodelle ... 130
10.3 Preispsychologische Effekte ... 138

11 **Baustein 8: Marketing** ... 143
11.1 Marketing mit kleinem Budget ... 144
11.2 Kreative Marketingideen ... 155
11.3 Vergleichende Werbung ... 156
11.4 Guerilla-Marketing ... 158
11.5 Die drei Vertrauenssäulen ... 160
11.6 Inbound-Marketing ... 161

12 **Baustein 9: Ziele/KPIs** ... 163
12.1 Ziele ... 164
12.2 Unternehmenskennzahlen (KPIs) ... 167

13 **Baustein 10: Tools** ... 175
13.1 Onlineshop ... 175
13.2 CRM-Systeme ... 178
13.3 Conversion-Optimierung ... 179
13.4 E-Mail-Marketing ... 179

13.5 Erklärvideos 180
13.6 Homepage-Baukasten 180
13.7 Wettbewerbsanalyse 181
13.8 KPI-Dashboards 181
13.9 Preisoptimierung 182
13.10 Websiteanalyse (SEO-Tools) 183

14 Baustein 11: Verkaufsunterlagen 185
14.1 Sales Pitch 185
14.2 Battle Card 186
14.3 Angebot 189
14.4 Produktblatt/Datenblatt 190
14.5 Preisliste 190
14.6 Allgemeine Geschäftsbedingungen 190
14.7 Datenschutz-Grundverordnung 190
14.8 Onboarding 191
14.9 Handbuch 191
14.10 FAQs 191

15 Baustein 12: Vertriebsstrategie 193

16 Auf ein Schlusswort! 195

Literaturverzeichnis 196
Abbildungsverzeichnis 198
Stichwortverzeichnis 199
Der Autor 201

Vorwort: Der Grund für dieses Buch

Die Idee für das *Startup Sales Canvas®*, das mittlerweile als Marke auf meinen Namen registriert ist, ist in den letzten Jahren gereift. Doch die Vorgeschichte begann weit früher. Ich komme aus einem kleinen Ort namens Vallendar mit 8.500 Einwohnern, knapp zehn Kilometer von Koblenz entfernt, dort, wo die Mosel in den Rhein mündet. Vallendar, ein beschaulicher und ruhiger Ort, kann mit zwei Hochschulen aufwarten: mit der PTHV, der Philosophisch-Theologischen Hochschule, und der WHU, der Otto Beisheim School of Management.

Aus der WHU (Wissenschaftliche Hochschule für Unternehmensführung) sind bereits viele erfolgreiche Gründer hervorgegangen. Hier nur eine kleine Auswahl: Der bekannteste dürfte Oliver Samwer sein (Rocket Internet). Es folgen Rubin Ritter (Zalando), Ferry Heilemann, Gründer des Couponing Start-ups DailyDeal, Domenico Cipolla und Felix Jahn (beide Home24), Christian Gaiser (KaufDa), Oliver Mickler (MyDriver), die drei Barzahlen-Gründer Florian Swoboda, Achim Bönsch und Sebastian Seifert, Dominik Richter (HelloFresh), die Gründer Paul Crusius und Marco Vietor von Audibene, Mengting Gao und Verena Hubertz mit Kitchen Stories, Sebastian Pollok (Amorelie), zwei von vier Gründern des Start-ups Lendico, Philipp Petrescu und Clemens Paschke, der Wein-Shoppingclub Wine in Black von Christian Hoya und Stephan Linden, Andreas Wels von Studitemps und Mario Kohle von Käuferportal.

Ich selbst war viele Jahre im Vertrieb unterwegs, immer in großen Konzernen aus den Bereichen Telekommunikation oder Energie. Allerdings hat mich die Arbeit in solch großen Unternehmen nicht wirklich zufriedengestellt. Die Probleme waren vielschichtig. Was mich aber am meisten störte, war die Tatsache, dass auf die Leute an der Verkaufsfront, auf den Vertrieb, keiner gehört hat. Von der Geschäftsführung wurden neue Produkte auf den Markt gebracht, ohne das Feedback der Kunden abzufragen. Dazu kamen vorgegebene Zielzahlen, die immer weiter angehoben wurden, obwohl die Verkaufsgebiete zeitgleich verkleinert wurden.

Eine Tretmühle, aus der ich irgendwann raus musste. Vielleicht der Sprung in die Selbstständigkeit Eines Tages klagte einer meiner Kunden, ein Geschäftsführer eines mittelständischen Unternehmens, über die steigenden Kosten, gerade im Bereich der allgemeinen Kosten. Von Beiträgen und Versandkosten über Versicherungen und Kosten für Steuerberater bis zu den Kosten für den Bürobedarf. Alles würde teurer, so mein Gegenüber. Auf der Fahrt nach Hause ging mir dieses Gespräch noch einmal durch den Kopf. War das vielleicht eine Geschäftsidee? Die allgemeinen Kosten des Unternehmens, also die, die nicht ursächlich mit der Produktion zu tun haben, zu analysieren und zu reduzieren? Und vielleicht auf eine Art Erfolgsprovision zu arbeiten, also einen Teil der Ersparnis abzugreifen? Zuhause angekommen nahm ich mir ein Fachbuch aus dem Regal und habe mir alle Kostenarten angesehen: Porto, Telefon, Internet, Bürobedarf, Zeitschriften und Bücher, Fortbildungskosten, Rechts- und Steuerberatung, die Kosten für die Buchführung usw. Doch zu keiner Kostenart hatte ich eine wirkliche Inspiration, wie man eine Ersparnis für Unternehmen erzielen könnte.

Und da erblickte ich auf meinem Schreibtisch den Katalog eines Büroartikel-Unternehmens. Und zwar eines der Marktführer. Könnte Bürobedarf ein Markt sein? Unsexy, aber vielleicht doch interessant. Ich blätterte den Katalog durch, betrachtete eine Vielzahl von Artikeln. Mit einem Anbieter allein konnte ich allerdings noch nichts anfangen. Also bestellte ich kurzerhand im Internet drei Kataloge der anderen großen Unternehmen der Branche. Einige Tage später lagen sie vor mir, vier Kataloge der unterschiedlichen Händler. Ich machte mich an die Arbeit. Ich stellte einen fiktiven Warenkorb zusammen, den ein Unternehmen bestellen könnte. Also Kopierpapier, Druckpatronen, Ordner, Sichthüllen, Briefumschläge, Versandtaschen, Post-its Haftnotizen, Ösenhefter, Textmarker und zum Schluss noch den Edding Permanent Marker. Selbstverständlich habe ich von jedem Artikel auch eine realistische Menge in den Warenkorb gelegt. Ich habe alles in eine Excel-Liste zusammengeschrieben und nach und nach die Preise der vier Anbieter erfasst. Anschließend habe ich die Werte addiert und – zu meiner großen Überraschung – es gab keine nennenswerte Preisdifferenz. Der Warenkorb betrug bei allen Anbietern 550 Euro, mit geringen Abweichungen. Schade, damit war auch die Idee futsch.

Doch wie es der Zufall wollte, steckte mir ein paar Tage später der Briefträger den Katalog eines regionalen Anbieters für Bürobedarf in den Briefkasten. Nur zum Spaß nahm ich mir die Excel-Liste noch einmal vor. Der Anbieter, ein Unternehmen aus meiner Region mit vielleicht zehn Mitarbeitern, musste ja teurer sein. Meine Vermutung lag bei ca. 15 Prozent über den zuvor berechneten Preisen. Also erfasste ich die Preise für den oben erwähnten Warenkorb und addierte brav die Werte zusammen. Das Ergebnis konnte ich nicht glauben: 464 Euro. Ein kleines Unternehmen vom Rhein ist 86 Euro günstiger als die vier Big Player der Branche? Das waren gut 15 Prozent weniger. Okay, also hatte ich wahrscheinlich einen Fehler bei der Preissuche gemacht. Oder im Katalog des regionalen Anbieters war ein Druckfehler. Ich erstellte einen komplett neuen Warenkorb, neuer Vergleich. Das Ergebnis: 22 Prozent zugunsten des lokalen Anbieters. Der dritte Vergleich kam zu einem ähnlichen Ergebnis, diesmal knapp über 18 Prozent. Das ließ mir keine Ruhe. War hier vielleicht eine interessante Geschäftsidee zu finden?

Ich machte mich also auf und besuchte den Händler in meiner Nähe. Im Gespräch lernte ich einiges über die Bürobedarfsbranche. Ein durchschnittlicher Händler (die meisten Händler sind in einer der drei Einkaufsgenossenschaften organisiert und greifen auf ein Zentrallager zu) hat durchschnittlich zwischen 20.000 bis 25.000 Artikel in seinem Sortiment. Ein Preisvergleich ist extrem schwer und aufwendig, da jeder

Händler einen anderen Produktcode hat. Mein Ansprechpartner erzählte mir, dass es bei einzelnen, identischen Produkten im Büroartikelmarkt teilweise Preisunterschiede von über 30 Prozent gibt. Die großen Anbieter unterbinden aber einen Preisvergleich durch ein aggressives Marketing, unübersichtliche Angebote und Geschenke wie Gummibärchen und Kekse. Preisunterschiede von 30 Prozent, kein Preisvergleich und keine Lösung, die aktuell auf dem Markt war. Ideale Voraussetzungen für eine Gründung?

Also habe ich mich hingesetzt und ein Konzept geschrieben für eine Plattform, auf der alle Büroartikel aufgelistet sind. Händler, die sich auf der Plattform registrieren, stellen die Preise zu den jeweiligen Artikeln ein. Kunden, sprich Unternehmen, wählen auf der Plattform die benötigten Artikel aus, füllen also den Warenkorb. Auf Knopfdruck werden alle Anbieter inklusive der Versandkosten angezeigt, die den kompletten Warenkorb liefern können. Der Kunde kann dann entscheiden, welchen Lieferanten er auswählt: den Günstigsten, den Anbieter aus seiner Region oder vielleicht den Versender der letzten Bestellung. Die Idee für den ersten Warenkorbpreisvergleich war geboren. Bisher konnten Kunden bei den bekannten Preisvergleichen immer nur ein Produkt miteinander vergleichen. Das ist sinnvoll bei höherpreisigen Artikeln, wie z. B. einem Laptop oder einem Drucker. Beim Bürobedarf sind die Artikelpreise aber oft sehr niedrig oder die Anzahl der bestellten Produkte ist gering. Wenn ein Unternehmen sieben oder acht verschiedene Büroartikel benötigt, dann wird es sicherlich nicht sieben- oder achtmal einen Preisvergleich anstellen. Dazu kommen noch Mindestbestellmengen und Versandkosten, die diesen Weg unrentabel machen. Aus diesem Grund musste ein Warenkorbpreisvergleich her, der erste überhaupt.

Aber sollte ich allein ein Start-up aufbauen? Mit damals äußerst beschränkten IT-Kenntnissen? Was ich damals schon wusste: Eine gute Idee ist eine Sache, ein gutes Team ist allerdings wichtiger. Aber wo kriege ich Co-Founder her? Von der WHU, der Gründer-Uni, habe ich zu Beginn schon erzählt. Aber zu ihr hatte ich bis dahin keinen Kontakt. Bis mir mein Cousin, ein Optiker, nebenbei erzählte, dass ihm zwei Studenten eben dieser Uni seine neue Webseite erstellt haben. Er gab mir die Kontaktdaten und im Mai 2010 traf ich mich mit den beiden Studierenden, Michael Wendt und Alexander Hoffmann. Beide waren von der Geschäftsidee begeistert, schließlich betrug der B2B-Markt für Büroartikel im Jahr durchschnittlich 9,6 Milliarden Euro.

Einige Monate später gründeten wir die Papersmart GmbH, ein Preisvergleichsportal für Bürobedarf und der erste Warenkorbpreisvergleich überhaupt. Das Team wurde komplettiert durch Stefan und Simon, zwei Entwickler, und Dirk, den Spezialisten für Daten aus der Büroartikelbranche. Die Firma verlegte den Sitz nach Berlin und die Aufgaben wurden verteilt. Michael als Geschäftsführer, Alexander übernahm das Marketing, Stefan und Simon bauten die Plattform, Dirk besorgte die Daten und mein Job war der Vertrieb.

Was ein spannendes Thema: der Vertriebsaufbau für ein digitales Geschäftsmodell. Vertrieb konnte ich ja bereits, aber bisher nur in großen Unternehmen. Aber den Vertrieb komplett neu aufbauen, und dann noch für ein digitales Geschäftsmodell?

Und noch etwas war neu: Wir hatten Investoren an Bord, sogenannte Business Angels. Einen Begriff, den ich vorher noch nicht gehört hatte. Investoren, die in meine Idee Geld investierten. Und das nicht zu knapp. Am Rande: Inzwischen bin ich selbst Business Angel und der erste Vorsitzende der Business Angels Rheinland-Pfalz.

Nun musste ich mich also an den Vertriebsaufbau machen. Und meine Erfahrung aus den Konzernen konnte ich nur bedingt nutzen. Denn der Unterschied zwischen dem Vertrieb bei einem Großunternehmen und einem Start-up ist riesengroß, so gut wie nichts lässt sich vergleichen. Aber eins wusste ich bereits nach zwei Tagen: Der Vertrieb in einem Start-up ist viel spannender und herausfordernder. Ich bringe das Feedback eines Kunden mit ins Gründerteam, wir besprechen es und setzen die Ideen und Anregungen meist innerhalb kurzer Zeit um. In einem großen Unternehmen hört keiner auf die Idee der Vertriebler, und wenn, dann wird sechs Monate später etwas ganz anderes umgesetzt. Von meiner Zeit bei Papersmart werde ich in anderen Kapiteln berichten, z. B. beim Thema Zielgruppenbesitzer.

Mein Job war es also, Händler aus dem Bereich Bürobedarf für Papersmart zu begeistern. Die Produkte, über 120.000, waren alle auf der Plattform gelistet. Händler musste also nur eine CSV-Datei mit EAN-Code und den Preisen hochladen und schon waren sie auf der Plattform präsent. Voraussetzung war natürlich ein Warenwirtschaftssystem im Unternehmen. 2010 waren der eigene Webshop oder ein Warenwirtschaftssystem in dieser Branche noch nicht üblich, wie ich zu meinem Leidwesen feststellen musste. Bestellungen wurden oft noch per Telefon oder Faxgerät aufgegeben. Aber nach und nach füllte sich die Plattform mit Händlern und meine Lernkurve im Vertrieb bei digitalen Geschäftsmodellen stieg steil an. Die Plattform entwickelte sich gut, allerdings waren die Marketingkosten hoch. Wir brauchten also neues Geld. Das stellten die Investoren auch zur Verfügung. Aber nach meiner Auffassung nicht ausreichend genug, um vernünftig Vertrieb und Marketing zu betreiben. Nach einigen Reibereien verließ ich Papersmart und verkaufte meine Anteile. Inzwischen hat das Unternehmen mehrmals den Besitzer gewechselt.

Die spannende Geschichte Papersmart war also vorbei. Ich hatte viel gelernt. Aber was sollte ich nun tun? In der Gründerszene war ich inzwischen ziemlich bekannt und viele kannten mein Steckenpferd, den Vertrieb. Leider gab es nur wenige, die sich mit dem Thema Vertrieb in Start-ups beschäftigten. Und der ist eben etwas komplett anderes als in einem bereits etablierten Unternehmen. Nun fragten einige Gründer, ob ich sie beim Vertriebsaufbau nicht unterstützen könne. Und so blieb ich in der Szene hängen. Inzwischen habe ich Start-ups aus den verschiedensten Bereichen beraten. Einige

Teams und ihre Ideen fand ich so spannend, dass ich statt des Honorars Firmenanteile als Bezahlung genommen habe. Wenn das Unternehmen sich erfolgreich entwickelt, habe ich gutes Geld verdient und meine Entscheidung war richtig. Wenn das Unternehmen floppt, habe ich zwar monetär betrachtet umsonst gearbeitet, aber wieder etwas dazugelernt.

Die Start-ups, die ich beraten habe, kamen aus den unterschiedlichsten Branchen wie E-Commerce, Social Commerce, Medizin, Eyetracking, Gaming. Aber Vertrieb in Start-ups ist branchenübergreifend doch immer wieder sehr ähnlich.

Gleichzeitig war ich auf vielen Veranstaltungen, Workshops und Hackathons. Ich habe mir viele Vorträge angehört und wahrscheinlich jedes Buch gelesen, das auch nur im Entferntesten mit dem Thema Vertrieb und Start-ups zu tun hat. Ich habe in dieser Zeit jede Menge Gründerunternehmen kennengelernt. Viele sind gekommen, aber leider sind auch viele wieder gegangen. Einige sind verschwunden, deren Idee und/oder das Team auch nicht wirklich spannend waren. Aber auch Teams mit tollen Ideen und Geschäftsmodellen sind nicht mehr da.

Aber wieso verschwinden so viele Start-ups? In Kapitel 2 werde ich darauf genauer eingehen. Von Gründern werde ich oft nach *der* richtigen Lösung für ihre Vertriebsprobleme gefragt. Es gibt aber einfach zu viele Bausteine und damit auch nicht *die eine* Antwort. Bei dem einen Team kann schon die Antwort auf die richtige Zielgruppe die entscheidende Antwort sein, bei einem anderen ist es das Preismodell, beim nächsten die Auswahl des Vertriebswegs und beim vierten liegt es an der Positionierung oder am Markenversprechen. Alles Fragen, die bestehende Unternehmen bereits beantwortet haben.

Es gibt also nicht *die eine* Lösung oder Antwort auf *das* Vertriebsproblem. Es gibt viele Fragen, Konstellationen und somit auch viele Antworten. Was ich aber immer wieder festgestellt habe, ist, dass das Gesamtpaket im Vertrieb stimmen muss. Es nützt wenig, wenn das Unternehmen die richtige Zielgruppe gefunden hat, sie aber über einen falschen oder zu teuren Vertriebsweg anspricht. Oder Teams sind in einem Markt mit weiteren Anbietern und haben eine Positionierung ohne einen Wettbewerbsvergleich durchgeführt.

Zunächst habe ich in der Beratung Checklisten eingesetzt. Damit war ich aber schnell unzufrieden. Man hat einfach nicht den Überblick über alle Aspekte. Und irgendwie hängt im Vertrieb auch alles miteinander zusammen.

Schon lange setze ich daher auch bei Gründern mit neuen Ideen auf das Business Model Canvas. Das von mir entwickelte Startup Sales Canvas ® stelle ich euch in Kapitel 3 vor, bevor es dann an dessen zwölf Bausteine geht.

Mit dem Startup Sales Canvas ® habe ich schon viele Start-ups beraten. Viele konnten sich damit erfolgreich am Markt positionieren. Einige können inzwischen DAX-Unternehmen zu ihren Kunden zählen. Andere sind in ihren Bereichen Marktführer geworden.

Das Canvas ist also ein Tool, um den Vertrieb aufzubauen. Erprobt durch viele Beratungen und Workshops bei Start-ups. Und ich bin der festen Überzeugung, dass das Startup Sales Canvas ® auch euch weiterhelfen wird. *Startup Sales Canvas* ® ist als Wortmarke unter der Registernummer 30 2019 019 401 beim Deutschen Patent- und Markenamt registriert.

Aus Gründen der besseren Lesbarkeit wird bei Personenbezeichnungen und personenbezogenen Hauptwörtern in diesem Buch das generische Maskulinum verwendet. Entsprechende Begriffe gelten im Sinne der Gleichbehandlung grundsätzlich für alle Geschlechter. Die verkürzte Sprachform hat nur redaktionelle Gründe und beinhaltet keine Wertung.

1 Der Unterschied zwischen Start-ups und Unternehmen im Vertrieb

Ich kenne ungefähr 20 US-Firmen, wo in der Eingangshalle, in Messing eingraviert, die Namen der besten Verkäufer aus mehreren Jahrzehnten zu sehen sind. Kennen Sie eine einzige deutsche Firma, die das auch so macht?
Max Grundig, Gründer des Elektronikkonzerns Grundig AG

Es gibt eine Vielzahl von Büchern über den Vertrieb. Viele davon sind gut und stehen auch in meinem Bücherregal. Diese Bücher sind aber nicht für Start-ups geschrieben. Diese Literatur ist für bestehende Unternehmen, für kleine und mittlere Unternehmen, einige davon für Großunternehmen und Konzerne geschrieben.

Aber zwischen Start-ups und Unternehmen, die schon einige Jahre auf dem Markt bestehen, gibt es gravierende Unterschiede.

Da ich selbst in beiden Welten gearbeitet habe, möchte ich euch die Unterschiede aufzeigen. Start-ups starten auf der grünen Wiese, das heißt, sie müssen alles neu erstellen. Das ist, mit begrenzten finanziellen und personellen Ressourcen, natürlich schon mal ein Nachteil. Der Vorteil ist aber, dass ihr euch am aktuellen Kundenbedürfnis orientieren könnt. Ältere Unternehmen haben häufig nicht die Möglichkeit, schnell zu reagieren. Ein Vergleich: Oft sind Unternehmen unbeweglich wie Supertanker auf dem hohen Meer. Eine Kurskorrektur dauert lange und ist mühsam. Da sind die Start-ups in ihren Schnellbooten deutlich flexibler und schneller. Wird die See allerdings rauer und ein Sturm zieht auf, sind wiederum die Supertanker im Vorteil.

In einem Unternehmen, das schon länger auf dem Markt ist, kann der Vertrieb auf bestehende Strukturen zurückgreifen. In einem Start-up ist erst einmal nichts wirklich geregelt. Gerade für Vertriebsmitarbeiter, die aus einem Unternehmen in ein Start-up wechseln, bedeutet das erst einmal einen Kulturschock.

Bei Start-ups wird in den ersten Monaten das Hauptaugenmerk auf die Entwicklung des Produktes gelegt. Das ist auch richtig so. Allerdings werden dadurch der Vertrieb und das Marketing vernachlässigt. Viele Entscheidungen werden im laufenden Betrieb mit der heißen Nadel gestrickt, aufgrund der Vielzahl der Bereiche auch nicht verwunderlich. Dieses Buch und das Startup Sales Canvas ® sollen dabei helfen, dass ihr als Gründer schneller den richtigen Weg zum Kunden findet.

An dieser Stelle möchte ich euch sieben unumstößliche Regeln bzw. Statements mitgeben, auf die ihr euch als Gründer einstellen könnt.

1.1 Keiner hat auf euch gewartet!

Leider ist dies die unangenehmste Wahrheit im Bereich der Fehleinschätzungen bei einer Unternehmensgründung. Viele Start-ups sind der irrigen Meinung, die Welt hat nur auf ihr Produkt oder ihre Dienstleistung gewartet. Doch es ist genau andersherum: Keiner hat auf euch gewartet. Eure Mitbewerber sind schon auf dem Markt. Und wieso soll der Kunde wechseln? Denn dagegen sprechen viele Gründe: »Das haben wir noch nie so gemacht. Das war schon immer so. Mit dem alten Anbieter arbeiten wir schon seit 20 Jahre zusammen, es gibt persönliche oder freundschaftliche Beziehungen. Der alte Lieferant schenkt uns aber was zu Weihnachten, bei dem aktuellen Versender sind immer Kekse im Paket. Dann müssen wir ja alle Daten neu einpflegen usw.«

1.2 Vertrieb ist Chefsache!

Dies gilt anfangs für alle Start-ups und junge Unternehmen. Später kann den Vertrieb gerne ein Mitarbeiter übernehmen. Aber in den ersten ein bis zwei Jahren muss der Vertrieb Chefsache sein. Und der Chef muss sich täglich mit dem Vertrieb auseinandersetzen. Jeder Tag, in dem ein Start-up nichts in Sachen Vertrieb unternimmt, ist ein verlorener Tag und ein Schritt hin zum Ende des Unternehmens. Gerade in den Gesprächen mit potenziellen Kunden erfahrt ihr, wie der Markt läuft und wie die Kunden ticken. Vielleicht sind die Vorteile, die ihr in eurem Produkt oder eurer Dienstleistung seht, für den Kunden gar nicht wichtig und er hat ganz andere Probleme. Das heißt für Gründer nur eines: raus an die Front!

1.3 Löst die Probleme der Kunden!

Bezieht den Vertrieb bereits bei der Produktgestaltung mit ein. Entwickelt nicht im stillen Kämmerlein. Fragt eure Kunden (über den Vertrieb), wo sie ein Problem haben. Nur wenn ihr die Probleme der Kunden kennt und so erst lösen könnt, werdet ihr Erfolg haben. Also sprecht mit der Zielgruppe und holt Feedback ein.

1.4 Fangt rechtzeitig mit dem Vertrieb an!

Viele Start-ups gehen in die Insolvenz. Und zwar nicht wegen falscher Finanzplanung, sondern aus einem einfachen Grund: weil sie zu spät mit dem Vertrieb beginnen.

In der Analyse der Wettbewerber (Kapitel 6) könnt ihr sehen, wie groß der Vorsprung von Mitbewerbern in fast allen Bereichen ist. Und die haben eine langjährige

Geschäftsbeziehung zu ihren Kunden. Das bedeutet für euch, dass ihr erst einmal Vertrauen aufbauen müsst.

Dazu kommt noch folgender Punkt: Je größer das Unternehmen des Kunden ist, desto länger dauern die Entscheidungen. Von Behörden und öffentlichen Auftraggebern will ich überhaupt nicht sprechen. Hier kann man noch einmal die gleiche Zeit wie bei Großunternehmen obendrauf rechnen, wenn es um die Entscheidungswege geht.

Merke! !

Sich über die Vermarktung Gedanken zu machen, kann nie zu früh, aber oft zu spät sein.

1.5 Plant Budget und Ressourcen ein!

Rechnet beim Businessplan ein vernünftiges Budget für den Vertrieb und auch das Marketing ein. Oft wird das Budget zu knapp berechnet, dafür aber die Verkäufe zu optimistisch geplant. Und natürlich gehört auch die Personalplanung dazu. Vertrieb und Marketing kann man, ich kann es nicht oft genug betonen, nicht nebenbei machen. Dazu mehr in Kapitel 5, Baustein 2.

1.6 Positioniert euch!

Entweder ihr positioniert euch im Markt oder ihr werdet positioniert. Die Kunden stecken euch in eine bestimmte Schublade. Also beschäftigt euch bereits bei dem Unternehmensstart mit den Themen Positionierung, Alleinstellungsmerkmal und den Wettbewerbern. Wenn ihr euch zu euren Konkurrenten nicht abgrenzt, werdet ihr nicht wahrgenommen.

1.7 Nicht aufgeben!

Vertrieb ist nicht leicht. Und richtig: Bestehende Unternehmen mit ihren Kundenbeziehungen und festgelegten Strukturen haben es einfacher. Denkt dran: Ein NEIN gehört zum Verkauf dazu. Und mal ehrlich: Wenn alle Kunden JA sagen würden, würde es auch keinen Spaß mehr machen. Aber im Ernst: Man muss im Vertrieb schon einige masochistische Züge haben. Ihr werdet euch auch mal eine blutige Nase holen. Und wenn es in die Kaltakquise geht, dann mit Sicherheit. Aufgeben ist aber keine Option, sonst könnt ihr den Laden gleich zu Anfang dichtmachen. Noch deutlicher: Dann braucht ihr gar nicht erst zu beginnen!

2 Wieso scheitern Start-ups?

Wer keine Probleme löst, darf sich nicht wundern,
dass sich keiner für das Angebot interessiert.
Peter Sawtschenko, Experte für Positionierung und Marktnischenstrategien

Rund 50 Prozent aller Gründungen scheitern schon in den ersten beiden Jahren. Nach drei Jahren haben 80 Prozent aufgegeben und nach mehr als fünf Jahren ist höchstens noch eins von zehn Start-ups im Rennen – das dafür aber meist mit großem Erfolg.

Doch was ist der Grund dafür? Irgendwann geht den Start-ups, egal wie innovativ sie und wie gut ihre Ideen auch sind, das Geld aus. Aber was sind die Ursachen dafür?

Bei gefühlten 95 Prozent der Start-ups ist der Vertrieb das Problem. Eigentlich interessante Geschäftsideen verschwinden wieder, weil der Vertrieb bei diesen Start-ups bei den Planungen zu wenig bedacht oder gar nicht beachtet wurde. Grund genug, sich mit der Frage zu beschäftigen: Wie komme ich an den Kunden ran?

In vielen Jahren habe ich Start-ups beraten, beobachtet und auf Workshops oder anderen Events kennengelernt. Ich habe selbst mehrfach gegründet oder mich, inzwischen vermehrt, an jungen Unternehmen beteiligt und meine Erfahrungen mit eingebracht. Ich habe viele Gründer mit guten Ideen kennengelernt, die alle den Vertrieb unterschätzt haben. Hier eine Auswahl von Aussagen, die mir in dieser Zeit untergekommen sind:

- Ja, wir müssen uns *demnächst* mal mit dem Vertrieb beschäftigen.
- Wir nehmen uns zwei Handelsvertreter. Die arbeiten auf Provision. Das kostet uns nichts, nur eine Provision im Erfolgsfall.
- Eine gutgemachte Webseite, dann richtig SEO gemacht und dann läuft das schon. Unsere Konkurrenz hat doch keine Ahnung.
- Keine Angst, wir rocken das schon!

Und dies ein Ausschnitt aus einem Businessplan: »Im Anhang befindet sich ein Infodeck, mit dem wir über den Stand der Dinge und unser Team informieren. Der Kapitalbedarf beläuft sich auf 200.000 Euro. Wir erwarten mit konservativer Schätzung, in Q3 2018 den Break-even zu erreichen. Bis dahin benötigen wir das Geld für weitere Entwickler, Marketing und unser eigenes Leben. Meiner Meinung nach sollte sich unser Produkt wie geschnitten Brot verkaufen. Trotzdem kann natürlich ein erfahrener Vertriebler noch einiges rausholen, vor allem wenn es um den Cold Start geht.«

Ein Businessplan ist nichts anderes als die Bündelung von Annahmen.
Prof. Günter Faltin, Unternehmensgründer und Hochschullehrer

2.1 Das Problem der Businesspläne

Investoren verlangen grundsätzlich immer einen Businessplan. Der Vorteil dabei ist, dass die Gründer eine Planung für die nächsten drei Jahre erstellen. Gerade für Gründer, die noch keine betriebswirtschaftliche Erfahrung haben, ist dies sehr wichtig. Mehr als einmal habe ich gravierende Fehler in den Plänen entdeckt. Da wurden brutto und netto verwechselt, Kostenblöcke vergessen oder Zahlungsziele (die in manchen Branchen sehr lang sein können) nicht berücksichtigt. Aber ein perfekter Businessplan spiegelt eine gewisse Sicherheit vor, die trügerisch ist. Businesspläne umfassen mit den Anlagen wie z. B. den Finanzplänen oft mehr als 20 Seiten. Alles ist notiert, im Finanzplan sind selbst die Portokosten für den 36. Monat geplant. Die Gründer haben also an alles gedacht. Das wiegt Teams oft in einer trügerischen Gewissheit: Wir haben an alles gedacht, dann kann ja nichts schiefgehen. Die Erfahrung zeigt aber, dass Umsatzzahlen immer falsch und zu 99 Prozent zu optimistisch geplant sind. Umsätze kommen nicht in der gedachten Höhe, kommen wesentlich später, gehen nur in der theoretischen Planung nach oben und saisonale Umsatzschwankungen wurden nicht berücksichtigt.

2.2 Trügerische Sicherheit von Wettbewerben

Und dann gibt es noch die Start-up-Wettbewerbe. Inzwischen eine Vielzahl davon. Teilweise nur für Ruhm und Ehre, einige versprechen Sachpreise wie Büro und Beratungsleistung und einige wenige Wettbewerbe locken mit Geldpreisen und Medialeistung. Nun kenne ich einige Teams, die Wettbewerbe gewonnen und im Büro eine Wand voll mit solchen Urkunden haben. Eine trügerische und gefährliche Sicherheit.

Viele dieser Teams mussten ihr Geschäft wieder schließen. Also bitte denkt daran: Einen Start-up-Wettbewerb zu gewinnen ist eine Sache, einen Kunden zu gewinnen eine ganz andere. Ein Start-up-Wettbewerb ist etwas völlig anders als das reale Leben draußen im Feld, an der Verkaufsfront.

Warum das so ist? Zunächst ist immer die Frage, wer noch an dem Wettbewerb teilgenommen hat, wer dort eure Konkurrenten waren. Das größte Problem dürfte aber sein, dass die Jury einen ganz anderen Blick auf die Geschäftsidee hat als der potenzielle Kunde. Zum einen kennen die Juroren den Markt vielleicht nicht richtig, wissen also wenig über die Probleme der Kunden. Oder sie kennen die Konkurrenz nicht und damit auch nicht die optionale Lösung.

EIN BEISPIEL

Auf einem Wettbewerb gewann ein Unternehmen und erhielt ein fünfstelliges Preisgeld sowie einen Filmbeitrag in einem regionalen Sender. Die Idee des jungen Unternehmens war es, die Viehwirtschaft zu digitalisieren. Eine sehr gute, überzeugende Idee. Die Jury war sich darüber einig, dass gerade dieser Bereich ein großes Potenzial in der Digitalisierung hat. Leider waren die potenziellen Kunden anderer Meinung und hatten kein Interesse. Einige Monate nach der Preisverleihung musste das Unternehmen, das mit einem guten und motivierten Team gestartet war, wieder schließen.

Gewonnene Wettbewerbe sind eine Auszeichnung, auf die Teams stolz sein können. Das darf aber nicht dazu führen, dass man denkt, dass es nun automatisch läuft. Nicht dass wir uns falsch verstehen: Ganz klar, ich empfehle die Teilnahme an möglichst vielen Wettbewerben. Ihr erhaltet wertvolles Feedback, ein Netzwerk zu anderen Gründern und zu Juroren und könnt von anderen Geschäftsideen lernen.

Also, rausgehen, teilnehmen und wenn ihr gewinnt, darf die Urkunde einen Ehrenplatz erhalten. Aber dann müsst ihr Gas geben, dranbleiben und vollmotiviert raus zum Kunden und Aufträge schreiben.

2.3 20 Gründe für das Scheitern

Die Marktforscher von CB Insights haben im November 2019 eine interessante Analyse veröffentlicht. Insgesamt wurde das Scheitern von 101 Start-ups in den USA ausgewertet. Die Verantwortlichen des Unternehmens haben offen die Gründe für das Ende ausgeführt, denn Scheitern ist dort kein Makel. Entsprechend offener geht man dort damit um. Die Ergebnisse können wir mit einigen Abstrichen sicher auf die deutsche Gründerszene übertragen. Vielleicht ist die Reihenfolge geringfügig anders. Für Start-ups ist es aber nicht relevant, ob sie an Grund siebzehn, acht oder drei scheitern. Das Ergebnis ist das gleiche.

Die komplette Studie findet ihr hier: https://www.cbinsights.com/research/Startup-failure-reasons-top.

Die 20 meistgenannten Gründe für das Scheitern eines Start-ups sind hier in einer Übersicht aufgeführt. Und damit es spannend ist, von Platz 20 zu Platz 1 inklusive meiner Anmerkungen:

20. Strategieentscheidungen zu spät getroffen (7 %)

Ein Problem der Gründer: Oft scheitert es an einer klaren Positionierung oder der fehlenden Vertriebsstrategie. Auch wenn die Neuausrichtung eines Start-ups zum Scheitern führen kann (siehe Grund 13), bereuen immerhin sieben Prozent der Gründer, dass sie überhaupt nicht versucht haben, ihr Unternehmen eindeutig zu positionieren.

Ich halte nichts von Gründern, die bereits vor Unternehmensstart mehrere alternative Pläne in der Schublade haben. Es zeigt sich, dass, sobald Probleme auftauchen, sofort der nächste Plan ausgepackt und versucht wird. Was ich allerdings erwarte ist, dass Gründer in der Lage sind, wenn nötig, einen Plan B zu entwickeln und diesen anzuwenden.

19. Burnout des Gründers (8 %)

Vielleicht hatte der oder hatten die Gründer schlaflose Nächte, weil die Zahlen nicht stimmten. Allerdings finde ich den Wert von acht Prozent schon sehr hoch. Aber das möchte ich jetzt nicht unter die Rubrik »Fehler im Vertrieb« einordnen.

18. Fehlendes Netzwerk (8 %)

Jeder, der eine Gründung plant, sollte vorher losziehen und sich ein Netzwerk aufbauen. Geht auf jede Messe, jeden Fachkongress oder auch zu jedem Gründerevent in eurer Region. Und nehmt auch an jedem Wettbewerb teil. (Nur, wie erwähnt, überschätzt ein positives Ergebnis nicht.)

Ich empfehle allen Start-ups immer, dass sie einen erfahrenen Business Angel mit an Bord nehmen. Ein Business Angel investiert Geld, bringt aber vor allem Know-how und Netzwerk mit. Und gerade diese beiden Bereiche fehlen Gründern in den meisten Fällen. Das Netzwerk des Investors öffnet Türen und offene Türen helfen wiederum dem Vertrieb.

17. Gesetzliche Vorgaben (8 %)

Ein typisches Problem von US-amerikanischen Gründern: einfach mal gründen, sich über Regeln hinwegsetzen und schauen, woher Gegenwind kommt. Unternehmen, die sich allerdings erfolgreich gegen bestehende Regeln durchgesetzt haben, sind Uber und Airbnb. Für euch gilt: gesetzliche Vorgaben im Vorfeld klären.

16. Das Fehlen von neuen Investitionen oder (weiteren) Finanzierungsrunden (8 %)

Klares Vertriebsthema. Wieso investieren Geldgeber nicht weitere Mittel in ein Unternehmen? Wir sprechen nicht von der ersten Finanzierungsrunde. Es geht um Folgeinvestments. Der Grund ist meist, dass die Absatzzahlen nicht stimmen, also der Vertrieb nicht die PS auf die Straße gebracht hat. Klare Regel: In einer Marktnische hat ein Unternehmen mehr Zeit für den Vertriebsaufbau. Das liegt einfach daran, dass das Team unter dem Radar fliegt. Nischen werden selten beobachtet bzw. sind für andere Anbieter nicht interessant, da zu klein. Schnelligkeit ist immer gefragt bei größeren Themen. Gerade dann, wenn sich mehrere Anbieter in einem großen, lukrativen Markt umschlagen. Es kann dann meist nur einen oder zwei Sieger geben. Beispiele sind Lieferdienste für Essen, der Matratzenmarkt, Plattformen wie Airbnb oder Vermittlungsdienste wie Uber.

15. Schlechter Standort (9 %)

Wieso gehen so viele Gründer nach Berlin? Weil dort die Fachkräfte und die Investoren sind. Einen IT-Fachmann in der tiefen Eifel zu finden, dürfte sehr schwer sein. Darum merkt euch: Nicht die erste Wahl beim Standort muss die beste sein. Das gilt für Online- wie auch für Offlineunternehmen. Entscheidend sind die Aspekte: Wo sind die Kunden, wo sind die Fachkräfte und wie sind die Verkehrswege (Infrastruktur und Logistik)? Auf jeden Fall ist dies ein nennenswerter Fehler bei der Unternehmensplanung und fällt unter den Spruch: »Keiner plant sein Scheitern. Aber viele scheitern beim Planen.«

14. Mangel an Leidenschaft (9 %)

Wenn die Motivation fehlt, sollte man nicht gründen. Als Gründer müsst ihr Extrameilen gehen. Das heißt: mehr Arbeit, weniger Schlaf, weniger Geld, kein Urlaub und auch Existenzängste.

Wie sagte der Investor Frank Thelen, bekannt aus der TV-Sendung *Die Höhle der Löwen*, so schön?

> *Wenn man sich dafür entscheidet, ein Start-up zu gründen, muss man sich im Klaren sein, was dies für einen bedeutet: 24x7 liegt der Fokus auf dem Start-up!*
>
> Frank Thelen

13. Falsche Strategieentscheidungen bei Plan B (10 %)

An Plan B, der Neuausrichtung eines Start-ups, nachdem die erste Geschäftsidee gescheitert ist, versagen zehn Prozent der Unternehmer.

Das wiederum ist die hohe Kunst der Unternehmensführung und gehört zum Thema Vertrieb. Der Grund ist relativ einfach: Plan A hat nicht funktioniert. Das bedeutet in den meisten Fällen, dass die Vertriebszahlen nicht stimmten. Gründe können die falsche Zielgruppe, das Preismodell, der Vertriebskanal oder der fehlende USP, also das Alleinstellungsmerkmal, sein.

12. Teaminterne Auseinandersetzungen – insbesondere in der Führungsebene (13 %)

»Drum prüfe, wer sich ewig bindet, ob sich nicht was Bess'res findet«: Das richtige (Gründer-)Team ist entscheidend. Viele Gründer verlassen sich darauf, eine gute Idee zu haben und achten nicht genügend auf die Auswahl des Führungsteams. Die Chemie muss stimmen. Streitigkeiten unter den Gründern kosten Zeit, Energie und schlussendlich auch Geld. Wichtig ist es also, sich vorher über alle Themen zu verständigen. Denn jedes Unternehmen hat Höhen und Tiefen. Ein Spruch unter Investoren heißt: »Das Team ist größer als die Idee.«

11. Verlust der Fokussierung nach erfolgreicher Startphase (13 %)

Der Fehler geht zu 50 Prozent auf den Vertrieb, die anderen 50 Prozent auf die Geschäftsführung. Unternehmen dürfen nicht den Fokus verlieren. Das hat etwas mit Positionierung zu tun.

10. Schlechtes Timing bei der Gründung und/oder Markteinführung (13 %)

Eindeutig Vertrieb! Bevor ein Unternehmen an den Start geht, müssen Gespräche mit potenziellen Kunden geführt werden. So war die Einführung des Segway Personal Transporters ein absoluter Flop. Der Stehroller, im Jahr 2002 eingeführt, galt als sicher und leicht bedienbar. Doch die Ankündigungen »revolutionärer als das World-Wide-Web« (von Amazon-Chef Jeff Bezos) oder dass der Segway in stark belebten Städten die Autos ersetzen würde, erwiesen sich als falsch. Manchmal gibt es einfach Produkte oder Lösungen, für die der Markt noch nicht bereit ist.

9. Ignorieren der Wünsche und Feedbacks der Kunden (14 %)

Klares Vertriebsthema: Etwas Besseres als Wünsche oder das Feedback des Kunden gibt es nicht. Und das zu ignorieren, ist eine Todsünde. Hier lasse ich Oli Gardner sprechen.

> *Der Kunde hat nicht immer recht. Aber wenn Sie Ihren Kunden nicht zuhören, wird aus Ihrem Produkt auch nichts rechtes.*
> Oli Gardner, Mitbegründer von Unbounce

8. Schlechte oder falsche Marketingmaßnahmen (14 Prozent)

Marketing ist ein Teil des Vertriebs. Ein Fehler im Marketing ist teuer und gefährlich. Aufgrund der finanziellen Ausstattung junger Unternehmen ist jeder Fehlschuss einer zu viel. Jede Aktion im Marketing muss sofort auf den Erfolg überprüft werden. Das ist der Grund, wieso KPIs (siehe Kapitel 12.2) so wichtig sind. Fehler im Marketing müssen regelmäßig analysiert und dann muss entsprechend gehandelt werden. Fehler macht jedes Unternehmen. Die guten Start-ups sind deshalb erfolgreich, weil sie schnell reagieren.

7. Ein Produkt ohne Geschäftsmodell (17 %)

17 Prozent der Gründer scheitern mit einer Idee, für die kein Geschäftsmodell vorhanden war. Was soll man dazu sagen? Dieses Thema kann ich mit einer Marktbefragung relativ schnell in den Griff bekommen. Im Vorwort habe ich mein erstes Start-up Papersmart erwähnt. Bis dahin gab es keinen Warenkorbvergleich und schon gar nicht ein Vergleichsportal für Artikel im Bereich Bürobedarf. Ich habe mir also eine PowerPoint-Präsentation erstellt und die Geschäftsidee zwanzig Geschäftsführern und Einkäufern vorgestellt. Alle waren von der Idee, die ja nur Vorteile für sie brachte, begeistert. Das war der Startschuss zur Unternehmensgründung. Eine Alternative ist die Befragung von erfahrenen Gründern oder Investoren.

6. Schlechtes Kernprodukt (17 %)

Tja, hier liegt wohl der Fehler in der Technik, der Entwicklung oder der Produktion. Mit einem schlechten Produkt kann auch der beste Vertrieb nichts anfangen. Auch hier möchte ich die Worte eines Dritten bemühen: »Qualität beginnt damit, die Zufriedenheit des Kunden in das Zentrum des Denkens zu stellen.« John F. Akers, US-amerikanischer Topmanager

5. Preisfindung und laufende Kosten (18 %)

Klares Vertriebsthema. Den richtigen Preis oder das richtige Preismodell zu finden, ist sicherlich für viele Gründer eine große Herausforderung. Wenn aber nicht der richtige Preis gefunden wird, stimmt auch die Kalkulation nicht. Und dann laufen mit Sicherheit auch die Kosten aus dem Ruder. Die Themen Preis und Preismodell behandeln wir in Kapitel 10 genauer.

4. Starker Wettbewerb (19 %)

Klares Vertriebsthema. Bevor ein Unternehmen an den Start geht, ist eine ausführliche Wettbewerbsanalyse (siehe Kapitel 6) nötig. Aufgrund dieser Analyse werden die Stärken und Schwächen der Mitbewerber deutlich. Wenn die Gründer also den starken Wettbewerb im Vorfeld kennen, dann haben sie auch Chance und Gelegenheit, die Vertriebsstrategie entsprechend anzupassen. Das kann eine neue Zielgruppe sein, eine Spezialisierung oder ein neues Preismodell.

3. Unpassendes Team (23 %)

Kaum überraschend ist die Platzierung auf Platz 3 sowie der hohe Wert von 23 Prozent. Idealerweise sind in einem Gründerteam alle wichtigen Positionen abgedeckt. Oft fehlt der Mann/die Frau für die Finanzen oder den Vertrieb. Aus diesem Grund empfehle ich immer, das Gründerteam zu erweitern. Lieber ein paar Prozente des Unternehmens abgeben, aber dafür Expertise ins Start-up holen.

2. Mangel an Barmitteln (29 %)

Sieht eigentlich nach einem Fehler im Vertrieb aus. Ist aber eher der Geschäftsführung zuzuordnen. Wenn die Barmittel fehlen, dann sprechen wir von einem Liquiditätsproblem. Ein Problem in Businessplänen ist oft, dass Umsätze fest eingeplant werden. Allerdings ist der Umsatz eine Sache, der Zahlungseingang aber eine andere. Gerade Großkunden und Kommunen zahlen manchmal erst nach zwei bis drei Monaten. Ein Zeitraum, der Start-ups das Genick brechen kann.

1. Kein Bedarf am Markt (42 %)

Und wieder ein klares Vertriebsthema. Tatsächlich sagen 42 (!) Prozent der Gründer nach ihrem Scheitern, dass kein Bedarf am Markt bestand. Um es noch einmal deutlich zu sagen: Gründer haben eine Geschäftsidee, erhalten eine Finanzierung, mit der sie dann ein Produkt oder eine Dienstleistung auf den Markt bringen. Und nun stellen die jungen Unternehmer fest, dass es keinen Markt gibt. Da stellen sich doch Fragen wie: Wurde keine Marktforschung oder wurde keine Kundenbefragung durchgeführt?

Dies ist ein typisch deutscher Grund für das Scheitern. Gründer aus Deutschland haben eine übersteigerte Angst, von ihrer Geschäftsidee zu erzählen. Die Angst, es könnte jemand die Idee klauen und das Produkt selbst auf den Markt bringen. Aus diesem Grund wird im stillen Kämmerlein entwickelt, ohne dass potenzielle Kunden oder Experten befragt werden. Heraus kommt dann oft ein Produkt, das am Markt vorbei entwickelt wurde oder für das überhaupt kein Markt besteht.

EIN BEISPIEL: DIE APP *SUPER POPCORN*

Das Berliner Start-up MT Mobile Ticketing bringt 2015 die App Super Popcorn auf den Markt. Super Popcorn wollte die Onlinebuchung von Kinotickets erleichtern. Eigentlich eine gute Idee. Doch das Geschäftsmodell war mit den Kinobetreibern gar nicht abgesprochen. Super Popcorn hatte sein Buchungssystem über das der Kinobetreiber gestülpt. Dazu haben die Betreiber der App, wohl um sich zu finanzieren, die Tickets teurer verkauft, als sie eigentlich waren.

Ein Beispiel dafür, dass man mit einer eigentlich guten Idee scheitern kann, weil sich die Gründer kein Feedback der potenziellen Kunden bzw. Vertriebspartner geholt haben.

Fazit

Das waren 20 Gründe, woran Start-ups scheitern. Gründe genug, sich rechtzeitig und intensiv mit dem Thema Vertrieb zu beschäftigen und somit folgenschwere Fehler zu vermeiden. Legen wir also los. Im Folgenden stelle ich euch das Startup Sales Canvas ® vor und beschreibe euch seine zwölf Bausteine. Wenn ihr das Startup Sales Canvas ® konzentriert durcharbeitet, erhaltet ihr ein stabiles Vertriebskonzept. Und damit steigern die Chancen erheblich, euch erfolgreich am Markt zu positionieren.

3 Startup Sales Canvas®: dein Vertriebsmodell kompakt

3.1 Die Basis: das Business Model Canvas

Das Business Model Canvas ist ein Tool, das von Alexander Osterwalder im Rahmen seiner Dissertation bei seinem Doktorvater Yves Pigneur entwickelt wurde. Im Jahr 2010 erschien dazu die amerikanische Ausgabe »Business Model Generation«, die ich sehr empfehle.

Inzwischen ist das Business Model Canvas aus kaum einer Unternehmensgründung mehr wegzudenken. Viele Experten behaupten sogar, dass das Business Model Canvas den Businessplan ersetzen kann. So weit will ich nicht gehen. Meines Erachtens benötigen Gründer einen Businessplan. Allerdings in einer kürzeren Form. Oft sehe ich Businesspläne mit mehr als 50 Seiten, was ich für übertrieben halte.

Betrachten wir nun das Business Model Canvas, das die Anregung für mein Modell Startup Sales Canvas® war.

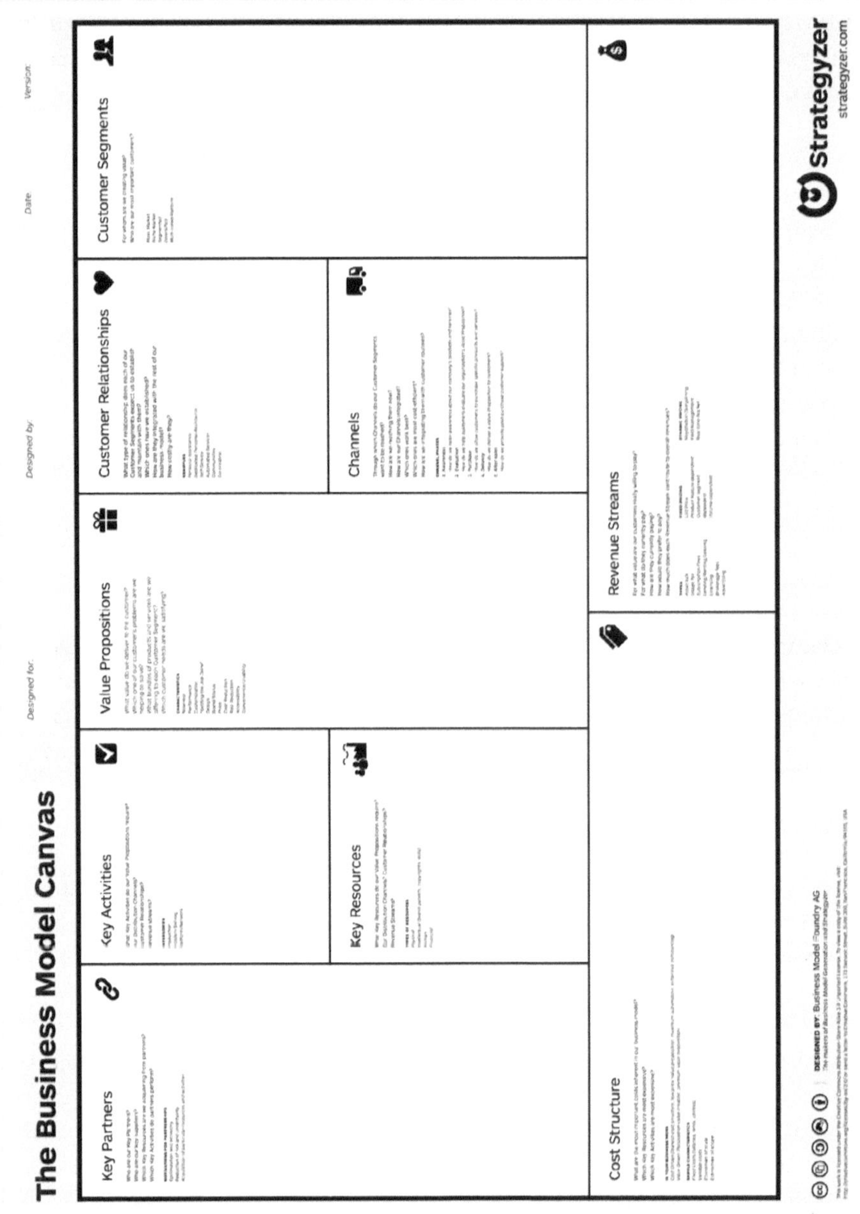

Abb. 1: The Business Model Canvas nach Osterwalder (Quelle: https://www.strategyzer.com/canvas/business-model-canvas)

Anmerkung: Den Canvas und einige andere zugehörige Templates gibt es inklusive Benutzungstipps als frei verfügbare PDFs auf Alex Osterwalders Website strategyzer.com – einfach runterladen und möglichst groß ausdrucken.

Osterwalder definiert: »Ein Geschäftsmodell beschreibt das Grundprinzip, nach dem eine Organisation Werte schafft, vermittelt und erfasst.« Soviel zur Theorie. Doch was ist das Geheimnis des Business Model Canvas?

Das Business Model Canvas besteht aus neun Bausteinen:
1. Wertangebote (*Value Propositions*)
2. Schlüsselressourcen (*Key Resources*)
3. Schlüsselaktivitäten (*Key Activities*)
4. Schlüsselpartnerschaften (*Key Partnerships*)
5. Kundenbeziehungen (*Customer Relationships*)
6. Kanäle (*Channels*)
7. Kundensegmente (*Customer Segments*)
8. Einnahmequellen (*Revenue Streams*)
9. Kostenstruktur (*Cost Structure*)

Gehen wir die einzelnen Bausteine durch.

Werteangebote (Value Propositions)
In diesem Baustein geht es um das Problem des Kunden und die Lösung, die das Unternehmen ihm anbieten will. Das kann z. B. eine Innovation sein, eine verbesserte Leistung, die Senkung der Kosten oder eine Minderung des Risikos. Dieser Baustein ist in der Mitte des Business Model Canvas platziert, was seine Bedeutung und die Wichtigkeit unterstreichen soll.
- Welches Problem lösen wir für die Kunden?
- Welche Bedürfnisse der Zielgruppe erfüllen wir?
- Welche Produkte oder Lösungen bieten wir dem jeweiligen Kundensegment an?
- Wo unterscheiden wir uns von Mitbewerbern?
- Was ist unser Alleinstellungsmerkmal, unser USP?

Schlüsselressourcen (Key Resources)
Um das Werteangebot aus dem ersten Baustein zu erfüllen, benötigt das Unternehmen Ressourcen. Das sind neben Personal und Know-how auch materielle Ressourcen wie IT, Maschinen und Software.
- Welche materiellen und immateriellen Ressourcen werden benötigt?
- Woher kriege ich gutes Personal?

Schlüsselaktivitäten (Key Activities)
Die Schlüsselaktivitäten hängen sehr eng mit Baustein 1, dem Werteangebot, zusammen. Hier müssen die Unternehmer entscheiden, was die Schlüsselaktivitäten sind.
- Welche Aktivitäten im Unternehmen tragen das Geschäftsmodell?
- Wie wandelt es vorhandene Ressourcen in Werte für den Kunden um?
- Und wie wird diese Aktivität möglichst effektiv umgesetzt?

Schlüsselpartnerschaften (Key Partnerships)
Kein Unternehmen wird am Markt erfolgreich, wenn es alles allein macht. Partner können aus den verschiedensten Bereichen kommen, z. B. Lieferanten, Dienstleister, Zahlungsanbieter, Logistikunternehmen, Vermieter.

- Welche externen Partner werden benötigt?
- Welche Schlüsselaktivitäten üben Partner aus?
- Welche Schlüsselressourcen bezieht das Unternehmen von den jeweiligen Partnern?

Kundenbeziehungen (Customer Relationships)
Ein wichtiger Bestandteil eines Unternehmens sind die Kunden und die Beziehungen zu ihnen.

- Wie wird die Beziehung zum Kunden gepflegt?
- Welche Art von Beziehung erwarten die Kunden von uns?
- Wie kostenintensiv sind diese Beziehungen?

Kanäle (Channels)
Die Kanäle beschreiben den Weg zum Kunden. Dabei unterscheiden wir zwischen Kommunikations-, Distributions- und Vertriebskanälen. Folgende Fragen sind zu klären:

- Wie kommuniziert das Unternehmen mit der Zielgruppe?
- Wo und wie erreicht man die Kunden?
- Welche Vertriebskanäle sind die effektivsten für das Unternehmen?
- Wie kommt das Produkt oder die Lösung zum Kunden?

Kundensegmente (Customer Segments)
Ohne Kunden kann kein Unternehmen bestehen. Aus diesem Grund hat dieses Thema eine sehr wichtige Bedeutung.

- Wer ist unsere Zielgruppe? (Für wen machen wir das Produkt oder die Dienstleistung?)
- Wen will das Unternehmen mit dem Produkt oder der Lösung adressieren?
- Was ist die interessanteste Zielgruppe, die den meisten Umsatz verspricht?
- Was erwartet unsere Zielgruppe?
- Welche Kundensegmente gibt es?

Einnahmequellen (Revenue Streams)
Die Einnahmequellen sind in der Canvas-Grafik unten rechts aufgeführt, direkt gegenüber dem Baustein Kostenstruktur. Mit diesen beiden Bausteinen wird schnell deutlich, ob es sich um ein tragfähiges Geschäftsmodell handelt.

- Wie verdient das Unternehmen Geld?
- Für welche Werte sind die Kunden bereit zu bezahlen?
- Welches Preismodell passt zu welcher Zielgruppe?

Kostenstruktur (Cost Structure)
Nachdem nun alle Bausteine ausgefüllt sind, wird die Kostenstruktur des Unternehmens sichtbar. Hier wird auch deutlich, welche Kosten auf jeden Fall für den Geschäftszweck nötig sind, gerade in Bezug auf den Baustein Einnahmequellen.

- Welche Kosten entstehen dem Unternehmen?
- Was sind die wichtigsten Kostenblöcke?
- Bei welchen Kosten gibt es vielleicht günstigere Lösungen?

Mit dem Business Model Canvas könnt ihr euer Geschäftsmodell kompakt auf ein Blatt Papier bringen, alle wesentlichen Punkte eures Konzepts darstellen und euer Start-up sukzessive weiterentwickeln.

Aber was ist mit dem Vertrieb im Laufe eures gesamten Gründungsprozesses? An diesem Thema scheitern, wie mehrfach betont, die meisten Start-ups. Zeit also, dass ihr das Startup Sales Canvas ® kennenlernt.

Mit dem Startup Sales Canvas ® könnt ihr das Vertriebskonzept eures Start-ups einfach visualisieren. Alles, was ihr braucht, ist ein gedrucktes Exemplar eines Startup Sales Canvas ®, am besten A0 oder A1, und ein paar Post-its, sehr ähnlich dem Business Model Canvas.

3.2 Das Startup Sales Canvas ®

Was bringt das Startup Sales Canvas ® und was ist das eigentlich? Mit dem Sales Canvas ist es deutlich einfacher, die Vertriebsstrategie eines Unternehmens auf Papier zu bringen. In zwölf Bausteinen bringt das Startup Sales Canvas ® alle relevanten Punkte übersichtlich auf die Leinwand, denn nichts anderes ist es: ein Tool aus der Praxis für die Praxis, in vielen Workshops und Beratungen erprobt.

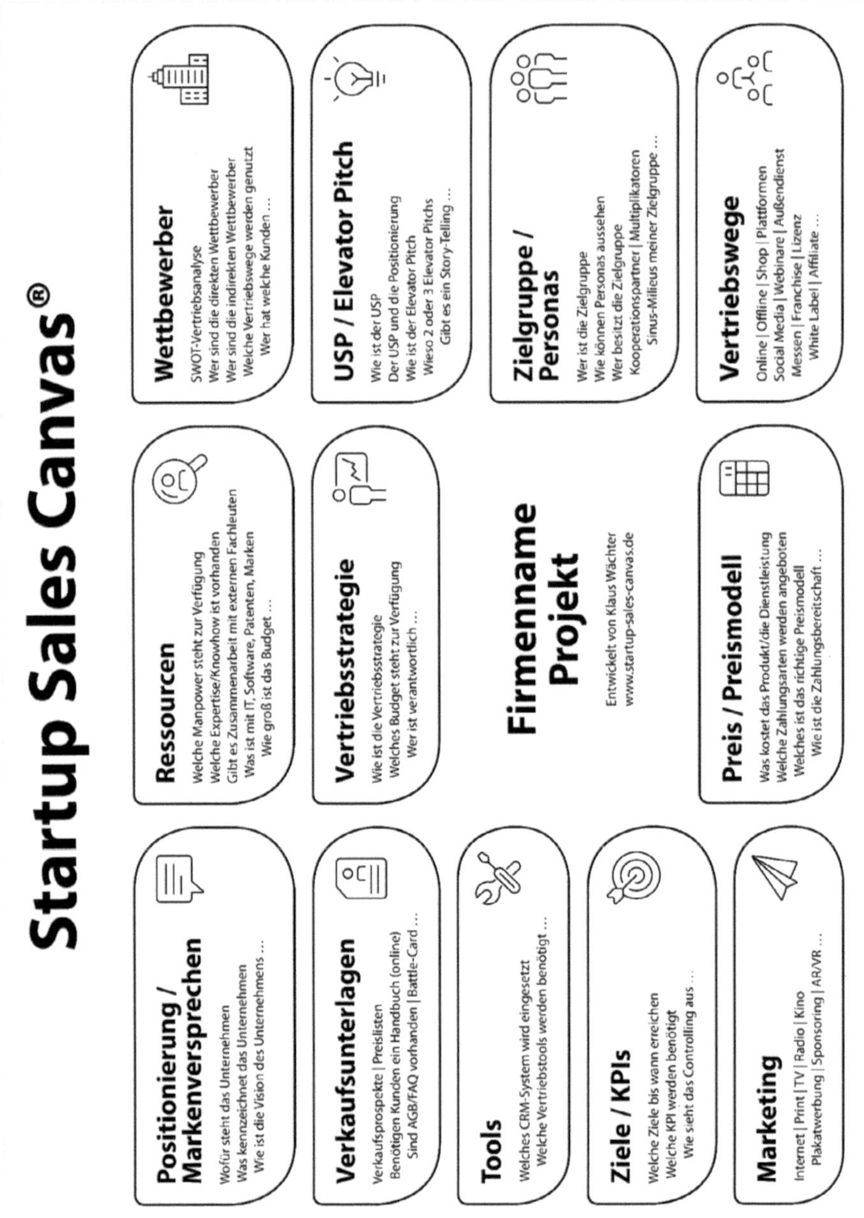

Abb. 2: Das Startup Sales Canvas ® von Klaus Wächter

Fokus

Das Startup Sales Canvas ® hilft dabei, den Fokus darauf zu richten, was alles zum Thema Sales gehört. Das Canvas kann für euer Unternehmen erstellt werden, aber auch für einzelne Produkte oder Dienstleistungen. So könnt ihr eure Vertriebsstrategie gegebenenfalls nachschärfen und laufend kontrollieren. Mit dem Startup Sales Canvas ® behaltet ihr den Blick auf das Wesentliche.

Flexibilität
Es ist ein Brainstormingtool, mit dem ihr euch Gedanken über eure Vertriebsstrategie machen könnt. Damit ist es einfacher, neue Dinge zu probieren und verschiedene Modelle parallel auszutesten.

Struktur
Das Startup Sales Canvas ® bringt eine Vertriebsstrategie in eine klare, strukturierte Form. So könnt ihr mit mehreren Personen, den Gründern, Mitarbeitern oder Externen, über die Vertriebsstrategie diskutieren und sie entsprechend anpassen. Das Tool ist ideal, um den Gedanken freien Lauf zu lassen und zu brainstormen.

Abhängigkeiten
Einzelne Bausteine, oder auch vertriebliche Themen, sind abhängig von anderen. Diese Abhängigkeiten oder Zielkonflikte werden mit dem Startup Sales Canvas ® sehr schnell sichtbar.

Transparenz
Das Thema Vertrieb ist komplex. Häufig werden ganze Bereiche vergessen. Mit dem Startup Sales Canvas ® kann euch das nicht passieren. Es ist die ideale Unterstützung für die Erstellung eures Sales-Strategieplans.

Basis
Das Startup Sales Canvas ® ist die Basis für eure Vertriebsstrategie und damit ein wichtiger Bestandteil des Businessplans. Gerade wenn Gründer auf der Suche nach Investoren sind, ist eine vernünftige Vertriebsstrategie unerlässlich.

Teamarbeit
Damit das Startup Sales Canvas ® richtig erstellt wird, werden alle Gründer sowie die Mitarbeiter aus den Bereichen Vertrieb und Marketing an einen Tisch gebracht. Gemeinsam wird das Canvas bearbeitet und die Vertriebsstrategie erstellt.

Das Startup Sales Canvas ® ist in zwölf Bausteine eingeteilt. Es beginnt in der Grafik links oben mit dem ersten Baustein (Positionierung/Markenversprechen), danach geht es im Uhrzeigersinn weiter.

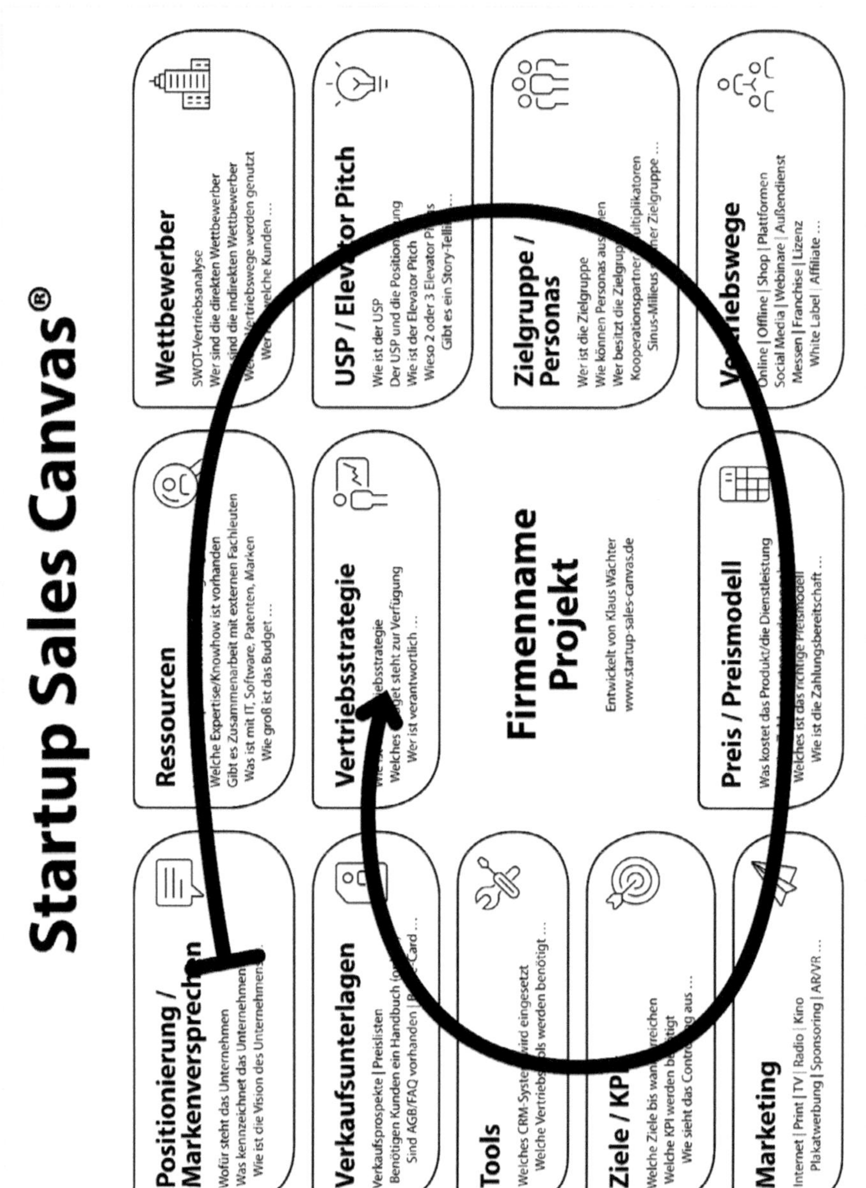

Abb. 3: Das Startup Sales Canvas ® im Uhrzeigersinn

Ab Kapitel 4 betrachten wir die Bausteine im Detail, die ihr für euer konkretes Vorhaben am besten nach dieser Reihenfolge durcharbeitet. Ihr könnt selbstverständlich, wenn ihr beispielsweise an einem Punkt hängenbleibt, auch zum nächsten springen und nach einer Pause wieder zurückkehren. Ich möchte euch kein starres Modell präsentieren, sondern euch anregen, strukturiert an den wichtigen Pfeilern eures beruflichen Erfolgs zu arbeiten.

3.3 Die Anwendung

Auf gehts zur praktischen Umsetzung des Startup Sales Canvas ®. Für den Einstieg braucht ihr:

- das ausgedruckte Startup Sales Canvas ®
- viele Post-its
- einen Tag Zeit
- genug Getränke, Brötchen und frische Luft
- und: keine Ablenkung!

Ladet euch zunächst das Startup Sales Canvas ® auf www.startup-sales-canvas.de herunter und druckt es aus, am besten im Format A0 oder A1. Nutzt die Post-its, um die ersten Gedanken zu formulieren, zu visualisieren und Anmerkungen für jeden Bereich auf das Plakat zu kleben. Bedenkt bitte: Ein Canvas könnt ihr nicht mal so nebenbei erstellen. Es braucht Zeit, Geduld und den Mut zu korrigieren.

Ganz praktisch !

Alle Gründer und beteiligten Mitarbeiter schließen sich einen Tag in einen Konferenzraum ein und führen einen Workshop durch.

Hier bereits eine kurze Übersicht der einzelnen Bausteine des Startup Sales Canvas ®, die ihr ab Kapitel 4 detailliert kennenlernt.

Positionierung/Markenversprechen

Der erste Baustein des Startup Sales Canvas ® gehört der Positionierung und dem Markenversprechen. Wofür steht euer Unternehmen? Eine clevere Positionierung entscheidet über den Erfolg eines Produkts oder einer Dienstleistung. Die richtige Positionierung macht automatisch jede Marketingaktivität erfolgreicher. Jedes Unternehmen wird von den Kunden in eine Schublade gesteckt, also positioniert. Clevere Gründer entscheiden selbst, wo sie ihr Unternehmen positionieren wollen.

Ressourcen

Ziel des Startup Sales Canvas ® ist es, eine Vertriebsstrategie zu erstellen. Für eine vernünftige Strategie benötigt das Unternehmen Geld und Personal, also die entsprechenden Ressourcen. Dieser Baustein kommt direkt nach der Positionierung. Eine Planung ist nur sinnvoll, wenn Start-ups die zur Verfügung stehenden Ressourcen optimal einsetzen. Geld ist ein limitierender Faktor. Dazu kommen die Qualifikation und das Know-how der Mitarbeiter.

Wettbewerber

Entscheidend für eine Vertriebsstrategie ist die Wettbewerbsanalyse. Um sie durchführen zu können, müssen zunächst die Wettbewerber definiert sowie deren Stärken und Schwächen untersucht werden. Wer sind sie, was können sie und wie positionieren sich die Mitbewerber im Gegensatz zu eurem Unternehmen? Dabei ist auch zu unterscheiden zwischen indirekten und direkten Wettbewerbern.

USP/Elevator Pitch/Storytelling

In diesem Baustein sind drei Themen zusammengefasst, die im Grundgedanken zusammengehören. Die Frage ist: Wieso seid ihr anders und verdient Aufmerksamkeit? Noch konkreter: Wieso soll der Kunde bei euch kaufen?

Beim USP (Unique Selling Proposition) geht es um euer Alleinstellungsmerkmal. Formuliert ein oder zwei Sätze, die Kernaussagen, warum und worin ihr euch vom Mitbewerber unterscheidet.

Der Elevator Pitch ist dagegen etwas ausführlicher. In 30 bis maximal 45 Sekunden sollt ihr eurem Gegenüber die Vorteile eurer Lösung oder eures Produktes näherbringen. Dazu kommt zum Ende des Pitchs eine Handlungsaufforderung. Erfahrene Gründer haben zwei bis drei Elevator Pitchs im Kopf, je nachdem ob ihnen ein potenzieller Kunde, ein Kooperationspartner oder vielleicht sogar ein Investor gegenübersteht.

Schließlich das Storytelling: Menschen lieben Geschichten. Sie bleiben länger im Kopf. Wer also eine Story zum Unternehmen hat, soll sie auch erzählen.

Zielgruppe/Zielgruppenbesitzer/Personas

Eine der wichtigsten Fragen bei einer Gründung: Für wen bringe ich die Produkte oder die Leistung auf den Markt. Wer ist die Zielgruppe? Oder gibt es vielleicht mehrere Zielgruppen? Die genaue Definition hilft bei der Wahl der Marketingmaßnahmen, der Vertriebswege und der Preismodelle.

Spannend ist auch das Thema Zielgruppenbesitzer. Wenn es dem Start-up gelingt, mit dem Besitzer der Zielgruppe zum Beispiel eine Kooperation einzugehen, wird das Marketing günstiger, wesentlich effektiver und der Vertrieb hat einen einfacheren Zugang zum Kunden. Ein Thema, das kaum ein Start-up auf dem Schirm hat. Aus diesem Grund gehe ich darauf ausführlich im Baustein 5 (Zielgruppe/Personas) ein.

Abstrakte Zielgruppenformulierungen bergen aber ein Problem: Man weiß durch die große Datenmenge scheinbar viel von seinen Kunden. Kaufentscheidungen fallen aber nicht aus rationalen Gründen. Emotionen sind die treibende Kraft. Doch wie kann man die Kunden emotional berühren, begeistern und faszinieren? Mit Personas wird das Gesicht, werden Gesichter der Zielgruppe geschaffen. Alle Mitarbeiter des Unternehmens haben ein besseres Bild von ihren Kunden.

In diesen Baustein gehören auch die Wunschkunden. Wunschkunden? Ja, es geht um eine Liste mit den zehn Unternehmen, die ihr in den nächsten 12 bis 18 Monaten zu euren Kunden zählen wollt.

Vertriebswege

Vertriebswege gibt es viele. Aber welche sind für mein Vorhaben die richtigen? Die Auswahl, oft werden mehrere genutzt, ist von vielen Faktoren abhängig. Faktoren, die in den vorherigen Bausteinen ausgearbeitet wurden. Also zum Beispiel die Zielgruppe, welche Vertriebswege nutzt der Wettbewerber, welche finanziellen Mittel stehen zur Verfügung und welche Expertise haben die eigenen Mitarbeiter? Eine genaue Analyse aller Vertriebswege ist nötig, um die richtige Auswahl zu treffen.

Preis/Preismodell

Für ein Start-up ist ein professionelles Pricing im Zeitalter der Digitalisierung überlebensnotwendig. Entscheidend ist die Verknüpfung der drei Ebenen Geschäftsmodell, Erlösmodell und Pricing-Prozess. Einfacher gefragt: Wie ist die Zahlungsbereitschaft der Zielgruppe? Und wie können Kaufbarrieren umgangen werden?

Marketing

In diesem Baustein legt ihr fest, welche Marketingmaßnahmen ihr einsetzen wollt. Dieser Baustein baut auf den Ergebnissen der Zielgruppen, Wettbewerber und des Preismodells auf. Dazu müssen auch die zur Verfügung stehenden Ressourcen wie Personal und Finanzen (Baustein 2) mit in Betracht gezogen werden.

Ziele/KPIs

Vertriebsziele und Key Performance Indicators (KPIs) sind ein Muss in der heutigen Vertriebswelt. Ohne Schlüsselkennzahlen arbeitet der Vertrieb ziellos vor sich hin. Durch die Kennzahlen werden Ziele konkretisiert und ihr als Gründer habt immer einen Anhaltspunkt, was ihr erreichen müsst und wo ihr gerade steht. KPIs helfen, das Ergebnis eurer Arbeit im Vertrieb einzuschätzen!

Tools

Um Prozesse und Zuständigkeiten von Anfang an so effizient und organisiert wie möglich zu gestalten, müsst ihr als Gründer auf verschiedene Tools setzen. Diese Alltagshelfer haben vielseitige Funktionen und kommen in fast allen Businessbereichen zum Einsatz. Aber vor allem im Vertrieb sind sie unerlässlich.

Verkaufsunterlagen
Gerade die Verkaufsunterlagen werden unterschätzt. Der Kunde hat Interesse, dann schrecken ihn unprofessionelle Verkaufsunterlagen ab. Wie sehen die Preislisten und Angebote aus? Gerade mit einem gut gemachten Angebot können Unternehmen sich abheben und beim Kunden punkten. Sind die Verkaufsunterlagen komplett? Was ist mit AGB und FAQ? Und gibt es die Battle Card für den Außendienst?

Vertriebsstrategie
Die Vertriebsstrategie bezeichnet und umfasst eine langfristig angestrebte, planvolle Gestaltung all eurer Vertriebsaktivitäten. Aus den Bausteinen eins bis elf baut ihr schließlich die Vertriebsstrategie. Mit diesem Dokument habt ihr die Grundlage für einen erfolgreichen Start eures Unternehmens gelegt.

TAKE AWAY

- Eure Vertriebsstrategie entscheidet über den Erfolg oder Misserfolg eures Unternehmens.
- Das Startup Sales Canvas ® benötigt Zeit. Organisiert mindestens einen Workshop und nehmt die Mitarbeiter mit ins Boot.
- Geht das Startup Sales Canvas ® in der vorgegebenen Reihenfolge durch. Doch bleibt flexibel und springt, wenn es nötig ist, wieder zurück.

4 Baustein 1: Positionierung/ Markenversprechen

Die Grundvoraussetzung für ein erfolgreiches Unternehmen ist die richtige Positionierung. Der bekannte Experte Peter Sawtschenko sagt, dass die Positionierung das erfolgreichste Marketing auf unserem Planeten ist.

> *Der Erfolg eines Unternehmens ist abhängig von seiner richtigen Positionierung.*
> Peter Sawtschenko, Experte für Positionierung & Marktnischenstrategien

Wichtig ist es, die Nummer eins in den Köpfen eurer Zielgruppe zu werden. Und das geht nur, wenn ihr für euer Unternehmen eine Lücke bzw. eine Nische zwischen den ganzen anderen Anbietern findet. Start-ups, die einzigartig sind und ein Alleinstellungsmerkmal haben, sind raus aus dem Preisvergleich und müssen nicht mehr ausschließlich über den Preis verkaufen. Die fehlende Positionierung ist oft die Ursache für den Misserfolg.

4.1 (Anfänger-)Fehler

Folgende Fehler sind bei der Positionierung immer wieder zu beobachten:

Bauchladen-Positionierung
Der Fehler: Unternehmen wollen allen gerecht werden. Mit einem zu breiten Angebot ist aber auch die Positionierung zu breit. Dies passiert häufig, wenn die ursprüngliche Positionierung nicht aufgeht und die Gründer weitere Zielgruppen »entdecken«. Dann wird das Angebot erweitert, aber Kunden fühlen sich nicht mehr wohl. Wer verdient wohl mehr Geld: der Spezialist, der auf jede Frage eine Antwort und auch Lösung hat oder der Bauchladenanbieter, der von allem nur wenig kann?

Billigheimer-Positionierung
»Die Leute entscheiden immer nur über den Preis, ich will also immer der Billigste sein.« Das ist eine Aussage, die sehr gefährlich und vor allem falsch ist. Über den Preis zu verkaufen war vielleicht in den Zeiten vor dem Internet eine gute Positionierung. Aber heutzutage ist das fast unmöglich. Preisvergleiche finden immer eine günstigere Lösung. Und viele Unternehmen setzen im E-Commerce Preisroboter ein. Diese Software durchsucht laufend das Internet und passt automatisch, in vom Unternehmen vorgegebenen Schranken, die Preise regelmäßig an. Aber vor allem ist die Aussage falsch, dass nur der Preis entscheidend ist.

Wie sonst sind Preisunterschiede von einigen tausend Prozenten für das gleiche Produkt zu erklären. Das gibt es nicht? Dann schauen wir uns mal das folgende, reale Beispiel an: Mineralwasser kommt aus der Erde und hat, bis auf kleine Unterschiede, die gleiche Zusammensetzung. Von 100 getesteten Medium-Wassern sind 65 mit »sehr gut« oder »gut« bewertet worden. Das geht aus einem Test der Zeitschrift »Öko-Test« (Ausgabe Juni 2020) hervor. 13 von der Stiftung Warentest mit »gut« bewerteten Wasser sind schon für 13 Cent pro Liter zu haben. Und diese 13 Cent pro Liter für ein »gut« bewertetes Mineralwasser stehen 79 Cent für einen Liter »Premiumwasser« oder gar 3,62 Euro für ein Luxuswasser von Voss oder Fiji gegenüber. Und damit dürfte das Argument, das nur der Preis entscheidend ist, widerlegt sein.

Supermann-Positionierung

»Die Branche XY ist komplett veraltet. Seit 100 Jahren gab es in diesem Bereich keine Innovation mehr. Wir werden diese Branche digitalisieren.« Diesen Satz höre ich oft bei Lösungen für das Handwerk oder den Einzelhandel. Ja, der erste Teil der Aussage ist richtig. Es gibt Unternehmen, die glauben, sie hätten mit der Anschaffung eines Smartphones ihren Betrieb digitalisiert. Und es gibt sicher einen großen Vorteil durch die Digitalisierung bestimmter Branchen. Aber es gibt auch jede Menge Hürden bei einer Umstellung. Ein Beispiel: Oft liegen auf meinem Schreibtisch Geschäftsideen für einen Lieferservice für den Einzelhandel. Den Einzelhandel zu stärken und besser gegen Amazon und Co aufzustellen, ist sicherlich lobenswert. Doch meist scheitern diese Ideen schon daran, dass der Einzelhändler kein Warenwirtschaftssystem hat oder ihm Produktbilder und Produktbeschreibungen fehlen.

Känguru-Positionierung

Gründer wollen etwas bewegen, (was sie auch auszeichnet) – und das möglichst sofort. Eine richtige Positionierung setzt aber zwei Sachen voraus:

1. Die Vorarbeit beim Unternehmensstart
   Viele Gründer entwickeln ein Produkt und betrachten die Lösung nicht vom Kunden aus. Die Sicht des Kunden ist aber immanent wichtig, um das Unternehmen bereits beim Unternehmensstart richtig zu positionieren.
2. Geduld
   Rom wurde auch nicht an einem Tag erbaut. Kunden werden jeden Tag mit Tausenden von Informationen überhäuft. Bis euer Unternehmen bekannt wird und sich in den Köpfen der Kunden festsetzt, wird Zeit vergehen. Die Positionierung in der Startphase zu wechseln, also wie ein Känguru zu springen, verwirrt eure Zielgruppe nur.

Merkt euch dazu auch diese zwei Sätze, ebenfalls von Peter Sawtschenko:

Wer sich nicht selbst positioniert, wird positioniert! Und wer positioniert wird, kann sein Markenimage nicht selbst bestimmen!
Peter Sawtschenko

4.2 Argumente für eine starke Marke

Unterschätzt also die Positionierung nicht. Gerne will ich diesen zentralen Aspekt mit fünf Argumenten unterstützen.

Die Positionierung macht Unternehmen einzigartig
Ihr müsst keine einzigartige Idee haben. Aber ihr benötigt mindestens eine klare Fokussierung auf eine bestimmte Zielgruppe (oder mehrere). Mit einer spitzen Positionierung habt ihr deutlich bessere Erfolgschancen als mit einer breiten.

Die Positionierung spart Kosten
Je besser ihr euch positioniert, desto besser kennt ihr die Probleme und Bedürfnisse eurer Zielgruppe. Das bedeutet, ihr könnt sie gezielter über den richtigen Kanal ansprechen. Dadurch habt ihr keine Streuverluste bei der Kundenansprache und das wiederum reduziert eure Kosten.

Die Positionierung erleichtert den Markteintritt
Eine bessere Positionierung erleichtert den Eintritt in den Markt, da euch Kunden besser wahrnehmen und richtig einordnen können. Durch die Positionierung ist ein Unternehmen näher am Kunden und seinen Bedürfnissen dran. Diese Unternehmen verstehen ihre Kunden, und diese werden es euch danken.

Die Positionierung schützt vor Wettbewerbern
Mit der richtigen Positionierung haben es Wettbewerber deutlich schwerer, euch anzugreifen und Marktanteile zu erobern. In den zehn Beispielen in Kapitel 4.5 wird dies deutlich. In vielen Märkten oder Nischen gibt es nur Platz für ein Unternehmen. Für einen zweiten Anbieter ist eine entsprechende Positionierung in dem Bereich dann meist nicht möglich.

Die Positionierung ist die Grundlage für Marken
Der Aufbau einer Marke ist die Königsdisziplin. Aber nur wenn das Produkt oder die Dienstleistung in der richtigen Schublade der Kunden ist, kann ein Unternehmen eine Marke aufbauen. Das heißt nichts anderes, als dass ihr in die Köpfe der Zielgruppe kommen müsst. Und damit ihr dort landet, müsst ihr die Verknüpfung zwischen eurem Namen und den wichtigsten Eigenschaften eurer Marke oder eures Unternehmens herstellen.

4.3 Die Positionierung

Doch jetzt arbeiten wir erst einmal an eurer Aufstellung. Diese vier Themen müsst ihr abarbeiten.

Vision und Ziele

Was ist eure Vision und welche Ziele ergeben sich daraus? Aus welchem Grund habt ihr das Unternehmen gegründet? Vielleicht wollt ihr den Markt verändern und ein neues Geschäftsmodell etablieren. Vielleicht aber auch die Welt ein Stück besser machen. Das hört sich hochtrabend an. Wenn ihr aber Menschen den Zugang zu Informationen vereinfacht, z. B. durch eine Idee im Bereich E-Learning, dann helft ihr Kunden schneller, einfacher und günstiger zu lernen.

Stärken und Schwächen

Was sind die Stärken und die Schwächen eures Geschäftsmodells? Nur wenn ihr beide kennt, könnt ihr euch eindeutig positionieren. Wichtig ist dabei, dass ihr auch das Potenzial eurer Mitbewerber einschätzen könnt. Das bedeutet, ihr müsst eine ausführliche Wettbewerbsanalyse durchführen. Mehr dazu in Kapitel 6.1.

Zielgruppe

Nun kennt ihr euer Ziel, eure Stärken und Schwächen, und vor allem auch die der Mitbewerber. Daraus müsst ihr ableiten, wer eure Kunden sein sollen. Für wen stellt ihr das Produkt oder eure Dienstleistung her? Auf den ersten Blick erscheint das Finden der Zielgruppe sehr einfach, in der Praxis stoßen Gründer gerade hier häufig auf Probleme. Die richtige Herangehensweise für die Suche der richtigen Zielgruppe(n) findet ihr in Kapitel 8.

Alleinstellungsmerkmal (USP)

Wieso seid ihr anders und der Kunde soll bei euch kaufen? Wenn ihr kein Alleinstellungsmerkmal habt, wird es schwer, euch auf dem Markt zu positionieren. Alles zum Thema USP findet ihr sehr ausführlich in Kapitel 7.

4.4 Das Ergebnis

Nun habt ihr herausgearbeitet, was eure Vision ist, also aus welchem Grund ihr das Unternehmen gegründet habt. Ihr habt eine Wettbewerbsanalyse durchgeführt und damit eure Stärken und Schwächen auf den Punkt gebracht. Daraus abgeleitet wurde die Zielgruppe, also für wen ihr euer Produkt oder eure Dienstleistung auf den Markt bringt. Und aus all diesen Informationen habt ihr das Alleinstellungsmerkmal herausgearbeitet. Nun gilt es, die Positionierung zu leben und vor allem richtig zu kommunizieren.

Wir unterscheiden fünf Positionierungsarten:

1. Die Marktführerpositionierung
2. Die Herausfordererpositionierung
3. Die Me-too-Positionierung
4. Die Preispositionierung
5. Die Nischenpositionierung

!

Merke!

Als Start-up habt ihr es schwer, Marktanteile zu erzielen. Schließlich muss irgendein Mitbewerber seine Anteile abgegeben, und das macht er nicht kampflos. Die besten Waffen von Start-ups bei dem Kampf um Marktanteile sind:

- Marktnischenoptimierung
- Zielgruppenorientierung
- Nutzenoptimierung

Dazu noch diese Worte eines erfolgreichen Unternehmers:

> Mach was, das 100 Leute lieben und nicht, was eine Million Leute ganz gut finden.

Um es anschaulich zu machen: Der Markt ist wie ein Gummiball. Auf eurem Weg, in diesen Markt, oder in den Gummiball, reinzukommen, werdet ihr automatisch auf Widerstand stoßen. Und diesen müsst ihr überwinden. Das wiederum geht nur mit einer spitzen Positionierung.

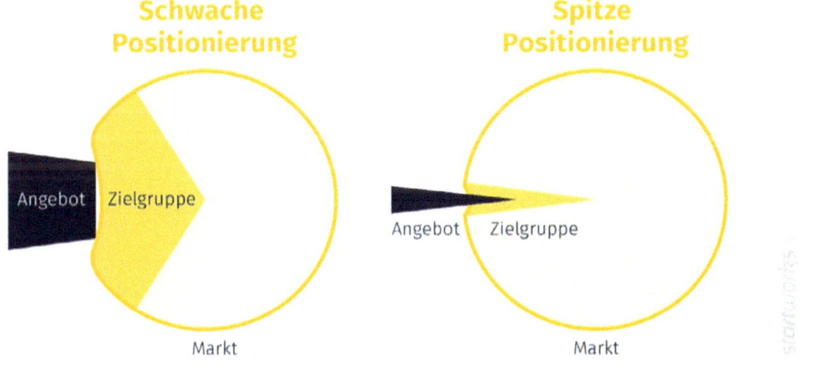

Abb. 4: Schwache und spitze Positionierung (Quelle: https://www.startworks.de/marketing-positionierung)

Ein Beispiel für eine Positionierung schauen wir uns bei Weber-Grill an (die Weber-Stephen Products LLC ist ein US-amerikanischer Hersteller von Gas-, Kohle- und Elektrogrills mit Sitz in Palatine im Bundesstaat Illinois). Stellen sie einfach nur Grills her? Nein, sie stellen sich folgendermaßen auf:

»Als führender Anbieter mit der umfassendsten Produkt- und Service-Palette der Branche ist Weber heute international ein Synonym für Innovation rund ums Grillen, perfekte Grillprodukte und das ultimative Grillerlebnis. Mit Niederlassungen in über 40 Ländern auf allen Kontinenten treiben wir die Weber Grillkultur rund um den Globus voran.«

Drei Hilfsmittel – Nutzenspinne, Nutzenkurve und Positionierungskreuz – möchte ich euch empfehlen, die richtige Positionierung zu finden. Gerne könnt ihr euch diese Tools auch herunterladen unter www.startup-sales-canvas.de.

Nutzenspinne und Nutzenkurve

Idealerweise beginnt ihr mit der Nutzenkurve oder der Nutzenspinne. Sammelt dafür alle relevanten Merkmale zu eurem Produkt oder eurer Lösung und zu eurem Unternehmen. Tragt dies in eine Excel-Liste ein. Anschließend bewertet ihr die einzelnen Merkmale auf einer Skala von eins bis zehn. Zehn, also die volle Punktzahl, vergebt ihr, wenn das Merkmal zu hundert Prozent erfüllt ist. Einen Punkt gibt es, wenn es nicht erfüllt ist. Anschließend macht ihr dasselbe für eure Mitbewerber. Wenn ihr alle Punkte ausgefüllt habt, übertragt ihr die Daten in die Nutzenkurve oder Nutzenspinne. So seht ihr anschaulich, wo eure Stärken und die eurer Mitbewerber sind. Aber auch die Schwächen werden sichtbar.

Hier ein Beispiel für einen Vergleich von FinTech Start-ups, also Start-ups aus dem Bankenbereich, und einer klassischen Bank. Schauen wir uns das zunächst aufbereitet als Nutzenkurve an. Die Angaben auf der y-Achse (vertikal) sind, wie beschrieben, die vergebenen Punkte.

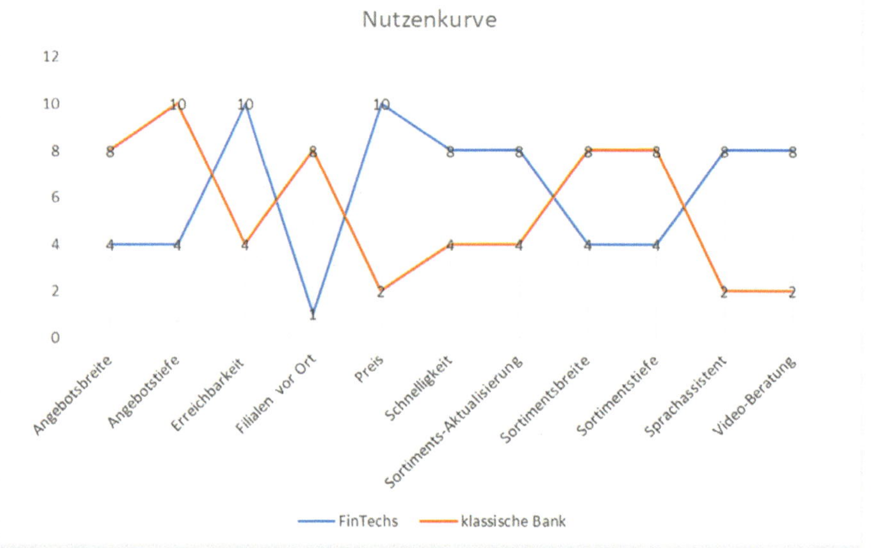

Abb. 5: Die Nutzenkurve am Beispiel FinTech-Start-up und klassische Bank

Und nun die alternative Darstellung als Nutzenspinne:

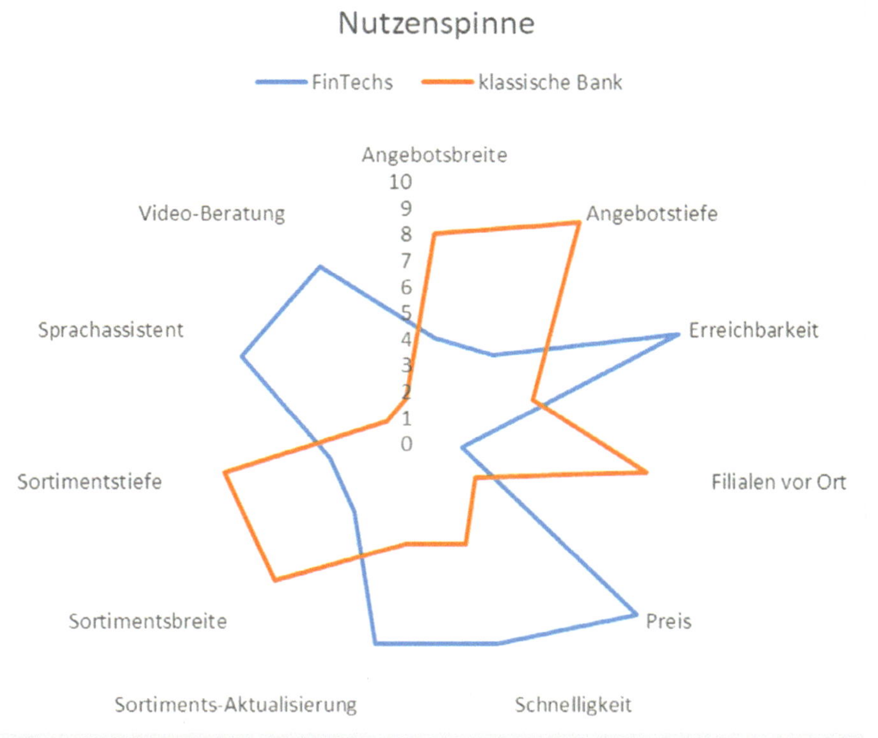

Abb. 6: Die Nutzenspinne am Beispiel FinTech-Start-up und klassische Bank

Das Positionierungskreuz

Wenn ihr alles ausgewertet habt, müsstet ihr eine Positionierung gefunden haben. Eure Positionierung und die eurer Mitbewerber tragt ihr in das Positionierungskreuz ein. Das Kreuz besteht nur aus zwei Achsen, in dem Beispiel mit den Achsen Preis und Qualität. So wird z. B. für Investoren deutlich, wo ihr euch selbst als Unternehmen einordnet. Selbstverständlich können die Achsen eures Positionierungskreuzes auch mit anderen Kriterien versehen sein. Preis und Qualität sind wahrscheinlich die gängigsten.

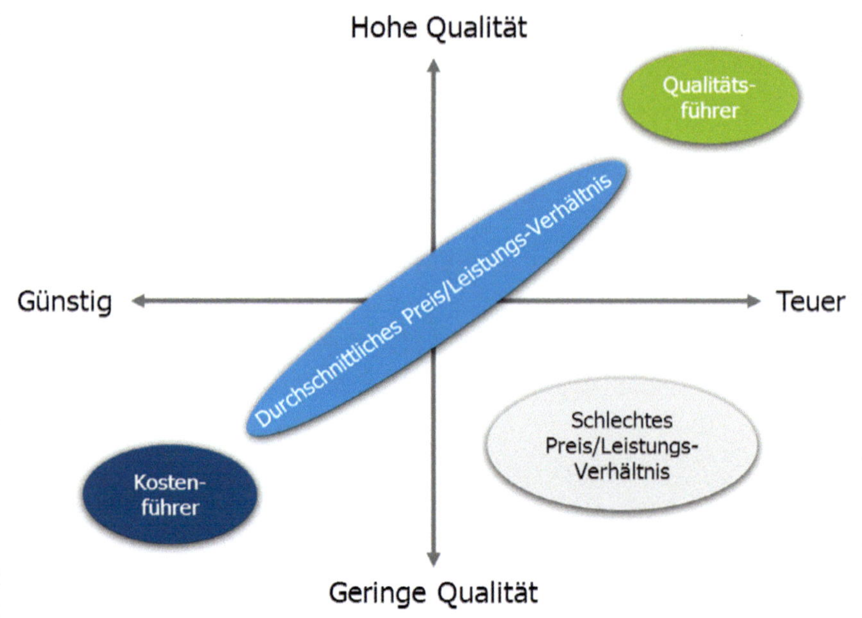

Abb. 7: Das Positionierungskreuz am Beispiel Qualität und Preis (Quelle: https://www.fuer-gruender.de/wissen/existenzgruendung-planen/unternehmensstrategie/positionierung)

4.5 Zehn erfolgreiche Beispiele

Und hier gute zehn Beispiele für eine Positionierung auf Basis unterschiedlicher Ansätze. Ich habe bewusst keine Weltmarken wie Apple, Daimler, Coca-Cola oder Amazon ausgewählt. Das ist sicherlich interessant, bringt euch als Gründer aber wahrscheinlich wenig. Aus diesem Grund findet ihr hier Beispiele von Start-ups und jungen Unternehmen.

1. **Positionierung über Innovation**

DR!FT HYBRID GAMING

DR!FT HYBRID GAMING vereint das Beste aus zwei Welten: die reale, anfassbare und mit allen Sinnen erlebbare Fahrzeugtechnik kombiniert mit der Faszination des virtuellen Gamings. Das Gründerehepaar Martin und Stephanie Müller (Gründung 2016) hat kein neues Spielzeug auf den Markt gebracht, sondern mit einem innovativen Produkt eine neue Gattung im Bereich Gaming geschaffen. Der Lohn: der Gewinn des Deutschen Entwicklerpreises 2018 in der Kategorie Innovation, die Finalteilnahme in der Sendung »Das Ding des Jahres« und eine wachsende Fangemeinde.

2. **Positionierung über Garantien**

Für viele Bürger ist der Bau eines Eigenheims die mit Abstand größte Investition in ihrem Leben. Allerdings scheuen viele potenzielle Kunden die Kaufentscheidung, da sie zu viele Risiken und Gefahren sehen. Das Unternehmen Town & Country hat dieses Problem erkannt. Town & Country bietet dem Kunden Garantien an, von der Finanzierungssumme-Garantie über die Geld-zurück-Garantie bis zum 20-Jahre-NotfallHilfeplan. Der Kunde fühlt sich dank der Garantien sicher und baut das Haus mit dem Anbieter. Aufgrund dieser Strategie hat sich das 1997 gegründete Unternehmen zu einem bundesweit führenden Massivhaushersteller entwickelt.

3. **Positionierung über Standardisierung**

Matratzen Concord, seit mehr als 30 Jahren auf dem Markt, bietet in mehr als 750 Filialen in Deutschland, Österreich und der Schweiz 38 verschiedene Matratzen (Taschenfederkern, Tonnentaschenfederkern, Bonellfederkern, Kaltschaum, Komfortschaum, Viscoschaum und Hybrid) an. Dazu noch in vier verschiedenen Härtegraden. Zuviel Auswahl, dachte sich Adam Szpyt, Gründer von Bett1. Er bietet über seine bereits 2004 gegründete Domain bett1.de nur eine Matratze an. Und das mit Erfolg. Bett1 trat seinerzeit mit viel Medienrummel und einer Anti-Kartell-Matratze an, weil die etablierten Unternehmen den Herausforderer nicht beliefern wollten. Inzwischen ist das Unternehmen mit 2 Millionen verkauften Matratzen und einem Umsatz von 180 Millionen Euro (Zahlen von 2018) Marktführer unter den in Deutschland präsenten Start-ups.

4. Positionierung über eine Produkteigenschaft

Kaffee einkaufen und nach dem Alter gefragt werden? Kaffeesorten, die man erst erwerben kann, wenn man über 21 Jahre ist? Zombie-Kaffee ist laut eigener Aussage der stärkste Kaffee, den man auf dem deutschen Markt legal erwerben kann. Bisher waren die pechschwarzen, südafrikanischen Robustabohnen nur Insidern bekannt. Das junge Unternehmen aus München hat sich über die Produkteigenschaft positioniert und zieht dies komplett durch, wie man am rechtlichen Hinweis zu jedem Produkt ersehen kann: »Zombie Kaffee und das darin enthaltene, hochkonzentrierte Koffein bringt ein erhöhtes Suchtpotenzial mit sich. Zu Risiken und Nebenwirkungen fragen Sie Ihren Arzt oder Apotheker.«

5. Positionierung über Zielgruppen

Laut Statistik gibt es aktuell 2.500 Online-Datingportale im deutschsprachigen Raum. Wie kann sich da ein Anbieter abheben? Indem sich das Unternehmen auf eine bestimmte Zielgruppe fokussiert. Gut gelungen ist das Elitepartner. Die Positionierung ist schon im Namen enthalten. Die Werbeaussage spricht die Zielgruppe direkt an: »Anders als bei anderen Anbietern treffen Sie bei unserer Partnervermittlung auf ausgewählte Mitglieder. 70 Prozent unserer Premiummitglieder sind Akademiker. Ob Ärzte, Designerinnen, Anwälte, Gründerinnen oder Architekten – was alle eint, ist ein inspirierender Lebensstil und der Wunsch nach einer festen Bindung.« 2004 gegründet hat das Unternehmen nach eigenen Angaben pro Jahr im Schnitt 500.000 Neuanmeldungen. Übrigens wird jede siebte Neuanmeldung vom Unternehmen abgelehnt.

6. **Positionierung über den Service**

OUTFITTERY

Männer und Kleidung: oft zwei Welten, die nicht zusammenpassen. Während Frauen gerne shoppen gehen, ist das für Männer häufig reine Zeitverschwendung. Ein Problem, das Outfittery aus Berlin löst. 2012 in Berlin gegründet, hat das Unternehmen im Jahr 2020 450 Mitarbeiter. Das Geschäftsmodell? Die ausschließlich männlichen Kunden beantworten online zuerst einige Fragen zu Kleidungsstil, Größen und Preispräferenzen. Ein persönlicher Stylist stellt aufgrund dieser Angaben eine Auswahl an Kleidung für den Kunden zusammen, vom Hemd über die Hose bis zu den Socken und den Schuhen. Was nach der Anprobe gefällt, behält der Kunde. Den Rest schickt er zurück. Der Kunde ist also immer passend zu seinem Stil und zu seinem Geldbeutel gekleidet, kann aber auf das lästige Einkaufen verzichten.

7. **Positionierung über Nachhaltigkeit**

GOT BAG.

GOT BAG (www.got-bag.com) ist ein Start-up aus Mainz, das den weltweit ersten Rucksack aus Meeresplastik entwickelt und auf den Markt gebracht hat. Unter dem Slogan »Create an Impact« soll nicht nur ein qualitativ hochwertiger Wegbegleiter für Reisen und das alltägliche Leben geschaffen, sondern auch aktiv gegen die fortschreitende Verschmutzung unserer Meere vorgegangen werden. Pro Rucksack werden 3,5 kg Plastik geborgen und anschließend recycelt. Seit der Gründung im Dezember 2018 konnte das Unternehmen mit der vereinten Kraft seines Netzwerks aus 1500 Fischern bereits über 70 Tonnen Plastik recyceln. Möglich wird das mit einem eigenen Clean-up in der Küstenregion um Demak in Indonesien, eines der globalen Epizentren der Plastikverschmutzung. Für diesen Prozess gelangt das Plastik aus dem Beifang der Fischer aus dem Meer an eine Sammelstelle, wird gereinigt und zu Pellets verarbeitet. Aus diesen entsteht ein hochwertiges Filament-Garn und daraus wiederum ein Gewebe, aus dem die Rucksäcke genäht werden. Eine innovative und umweltfreundliche Bio-PU-Beschichtung macht das Gewebe zu 100 Prozent wasserdicht. Das Start-up gehört mit seiner Idee, aus Meeresplastik Rucksäcke herzustellen, zu den Vorreitern in der Taschenindustrie. Über 11.000 Rucksäcke (Stand: 04/2020) konnten bereits verkauft werden. Weitere Produkte wie eine Reisetasche, ein Tagesrucksack und Reiseaccessoires ergänzen bereits das Produktportfolio.

8. **Positionierung über Qualität**

Seit Jahren schließen in Deutschland mehr und mehr Bäckereibetriebe. Glaubt man der Statistik des Deutschen Bäckereihandwerks, schließt jeden Tag ein Meisterbetrieb für immer seine Türen. Also kein Geschäftsmodell für die Zukunft? Sebastian Däuwel, einst unzufriedener Diplom-Betriebswirt, hatte nur einen Wunsch: gutes Brot, so wie früher, als Brot noch wie Brot schmeckte. Ihm waren die 08/15-Brote mit vielen Zusatzstoffen ein Graus. Sein Ziel: »Ein geiles Brot zu backen, das schmeckt und eine Woche hält und mit Leuten zu arbeiten, die Spaß an ihrem Job haben.« Däuwel gibt seinen Job auf und baut als Quereinsteiger seit 2016 das Start-up Die Brotpuristen auf. Puristen? Zitat aus dem Online-Auftritt: »Wir glauben, je mehr man weglässt, desto ursprünglicher und besser wird der Geschmack. Das ist das Puristische an unserem Brot. Es wird auch keine Schleife drumrum gebunden. Bei uns gibt es einfach Brot – pur. Es bleibt schön lange frisch. Dafür sorgen der selbst angesetzte Sauerteig und die ausgiebige Reife. Weil jeder Laib einzeln von Hand gemacht wird, gleicht keiner dem anderen.« Bei den Brotpuristen gibt es nur acht Brotsorten, keine Brötchen, keine Teilchen oder Kuchen. Nachtarbeit gibt es in dem Unternehmen nicht. Man fängt morgens mit dem Backen an, der Laden wird am Nachmittag geöffnet. Ergebnis: Die Brotpuristen haben keine Kunden, sie haben Fans. Und Fans kommen und bleiben nur, wenn Qualität geliefert wird.

9. **Positionierung über Personalisierung**

mymuesli

Im Gegenzug zur Positionierung über Standardisierung steht die Personalisierung. Und wer liefert ein besseres Beispiel als das Passauer Unternehmen? Aus 80 Zutaten können sich die Kunden ihr individuelles Müsli zusammenstellen. Laut Angaben des Unternehmens sind damit 566 Billiarden Müslivarianten möglich. Die Belohnung: knapp 60 Millionen Euro Umsatz im Jahr 2018.

10. **Positionierung über David gegen Goliath (Underdog)**

fritz-kola®

Coca-Cola ist die fünft-wertvollste Marke auf der Welt (Marktforschungsinstitut Interbrand für das Jahr 2018) und die Nummer eins im Bereich Softdrinks. Pepsi-Cola folgt direkt auf Platz zwei. Kann man dagegen antreten? Und das auch noch erfolgreich? Im Jahr 2002 kommen die beiden Studenten Lorenz Hampl und Mirco Wolf Wiegert auf die Idee, das Cola-Monopol zu brechen. Ihrem Getränk geben sie den Namen fritz-kola, weil Fritz ein typisch norddeutscher Name ist. Aus Kostengründen beauftragen sie keine Werbeagentur für ihr Logo. Stattdessen nehmen sie den Schriftzug fritz-kola und ihre beiden Köpfe und melden dies als Wort-Bild-Marke an. Das Unternehmen positioniert sich als David gegen Goliath (Coca-Cola) und baut so das Marketing auf. Oft fällt das Unternehmen mit Guerilla-Marketing-Aktionen auf und baut so seinen Kundenstamm weiter aus. Im Jahr 2018 erzielten die Hamburger einen Umsatz von knapp über 44 Millionen Euro.

TAKE AWAY

- Euer Produkt, eure Marke oder euer Unternehmen so am Markt zu positionieren, dass ihr euch klar, eindeutig und auf positive Art und Weise vom Wettbewerb abgrenzt, ist eine der größten und wichtigsten Herausforderungen für euch als Gründer.
- Entweder ihr positioniert euch selbst oder die Kunden tun es für euch.
- Eine gute Positionierung spart Marketinggelder und ermöglicht eine bessere Verhandlungsposition sowie höhere Preise und Deckungsbeiträge.
- Die richtige Positionierung erleichtert euch den Markteintritt.

4.6 Exkurs: Interview mit Wendelin Abresch

Lieber Wendelin, bitte stelle dich kurz vor.

Mein Name ist Wendelin Abresch, ich bin Gründer und Inhaber der CONCENCE Marken- und Marketingberatung. Seit unserer Gründung im Jahr 2005 haben wir mehr als einhundert Marken entwickelt, positioniert, repositioniert oder neue Strahlkraft verliehen.

Als Mitgründer des Unternehmens 1&1 EDV Marketing GmbH (heute 1&1 Internet AG) und als Erfinder der Marke 1&1 und weiterer Start-up-Marken ist nicht nur das methodische Wissen vorhanden, sondern auch langjährige Erfahrung in der oftmals dynamischen Transformation junger Unternehmen.

Wieso ist die richtige Positionierung gerade für Start-ups so wichtig?

Unabhängig, ob es sich um eine Unternehmens-, Dienstleistungs- oder Produktmarke handelt, stellt die Entwicklung von Marken für Start-ups eine besondere Herausforderung dar. Gleichwohl ist sie von herausragender Bedeutung im Hinblick auf eine erfolgreiche Vermarktung, mit der die Investoren ihren Return on Investment erwarten.

Dabei ist die Namensfindung als kreative Pflichtaufgabe noch eine der leichteren Übungen, wenngleich die meisten Ideen wegen bereits besetzter Top Level-Domains und bereits vorhandener Markenrechte aussortiert in der Tonne landen. Aufgrund meiner Erfahrungen empfehle ich den Start-ups, den anfänglichen Leistungsinhalt keinesfalls im Namen abzubilden. Gerade in den ersten Jahren ändern sich die Leistungsinhalte oftmals so stark, dass der Markenname irgendwann nicht mehr für die aktuellen Produkte und/oder Dienstleistungen steht. Hinzu kommt, dass beschreibende Markennamen wegen ihrer zu geringen Unterscheidungskraft nur selten als Wortmarke schutzfähig sind.

Gehen wir also davon aus, dass ein wohlklingender und in mehreren Sprachräumen gut aussprechbarer Markenname gefunden wurde, der nun über eine klare Positionierung emotional aufgeladen werden soll. Genau hier beginnt der wichtigste und erfolgskritischste Teil der Markenbildung. Dabei sollten sich die jungen Unternehmer bewusst sein, dass die neue Marke nicht bei null, sondern unter null beginnt.

Hinzu kommt das Phänomen, dass dieses Misstrauen parallel zum Innovationsgrad der angebotenen Produkte steigt. Der eigenen Begeisterung der jungen Unternehmer steht also oftmals die unterkühlte Distanz von Investoren und potenziellen Kunden gegenüber. Der damit verbundenen Frustration mit Kampfgeist zu begegnen, kann nur Teil der Lösung sein. Viel wichtiger ist es, sich intensiv und tiefgreifend mit der Relevanz der Innovationen für die Zielgruppe auseinanderzusetzen.

Eine wirkungsvolle Positionierung bedeutet nämlich nichts anderes, als das relevanteste Argument herauszufinden und dieses klar, verständlich und für die Zielgruppe attraktiv zu formulieren. Dabei spielen in unterschiedlicher Gewichtung rationale wie emotionale Faktoren eine Rolle. In der Regel sind bei B2B-Zielgruppen die rationalen Faktoren höher gewichtet. Bei B2C-Produkten ist es oft umgekehrt. In beiden Absatzkanälen gehören jedoch die emotionalen Treiber zu den, meist unterschätzten, Wirkungsfaktoren. Im Ergebnis bedeutet dies, sich intensiv mit den Bedürfnissen und Sehnsüchten der Zielgruppe auseinanderzusetzen und dabei auch das Beharrungsvermögen der Menschen realistisch einzuschätzen. Schließlich lässt sich stets ein Teil der Zielgruppe nicht gerne durch Innovationen aus ihrer gemütlich eingerichteten Komfortzone herauslocken. Manche empfinden sogar das Wort Innovation bereits als Bedrohung. Aber es gibt auch die Begeisterungsfähigen, die gerne dem Reiz des Neuen folgen.

Fazit: Die Positionierung bildet den Reason for Being des jungen Unternehmens ab, vermittelt einfach und klar die Nutzendimension und trifft die Zielgruppe ins Herz. Sie ist somit der Motor für den Erfolg im Markt.

Was sind die größten Fehler bei der Positionierung?

Die mangelnde und zu oberflächliche Beschäftigung mit der Befindlichkeit der Zielgruppe und der realistisch eingeschätzten Relevanz der Produkte und Leistungen, die das Start-up zu bieten hat.

Hast du ein Beispiel für eine erfolgreiche Positionierung eines Start-ups?

Ein herausragendes Beispiel einer wirkungsvollen Positionierung im B2B- Segment stellt das Unternehmen exapture GmbH (www.exapture.de) aus Berlin dar. exapture ist ein Unternehmen, das für Banken und Sparkassen auf rationelle Weise Papierdokumente in digitale Prozesse überführt. Banken sind jedoch eine Zielgruppe, die ein hohes Sicherheitsbedürfnis haben und deshalb Startups als Dienstleistungspartner kaum eine Chance geben. Man setzt lieber auf große, etablierte IT-Dienstleister. Mit der Positionierung: »PAPER PROCESS AUTOMATION. Die stabile Brücke vom Papier in digitale Datenprozesse« und einer für Banken relevanten Argumentationskette konnten zahlreiche Banken überzeugt werden.

Gibt es eine Formel für den Markenerfolg?

Aus der Summe aller Erfahrungen aus Markenentwicklungs-Projekten habe ich eine einfache Erfolgsformel erstellt:

WissensWERT + BegehrensWERT + VertrauensWERT = MarkenWERT

Lieber Wendelin, ich danke dir für das Interview.

5 Baustein 2: Ressourcen

Dream big, start small, but most of all, start.
Simon Sinek, britisch-US-amerikanischer Autor und Unternehmensberater

Betrachten wir nun einen weiteren Baustein: die Ressourcen – also die Mittel, die euch zu Verfügung stehen, um eure Ziele zu erreichen.

Was gehört zu den Ressourcen? Wir können eine Unterteilung in vier Kategorien vornehmen:

1. Finanzielle Ressourcen
2. Personelle Ressourcen
3. Geistiges Kapital
4. Sachwerte

Ein kurzes Wort zu den Ressourcen geistiges Kapital und Sachwerte. Beim geistigen Kapital handelt es sich um gespeichertes Wissen, Patente, Lizenzen und Marken. Alles sehr wichtig, aber die Voraussetzung für die Gründung eines Unternehmens. Aus diesem Grund wird dieser Punkt aufgeführt, hat aber mit der Erstellung der Vertriebsstrategie nur bedingt etwas zu tun.

Ähnlich verhält es sich mit den Sachwertressourcen. Hier geht es um Maschinen, Produktionsanlagen, Grundstücke und Gebäude. Alles Themen, die bereits bei der Unternehmensgründung geklärt sein müssen.

Es geht also in diesem Kapitel hauptsächlich um die beiden wichtigen Bestandteile Geld und Personal, da es sich dabei um Bereiche handelt, die den Vertrieb maßgeblich beeinflussen.

In meinen Workshops werde ich oft gefragt, aus welchem Grund der Baustein Ressourcen bereits in einer so frühen Phase besprochen wird.

Nun, es gibt eigentlich zwei Möglichkeiten:

Ihr plant die gesamte Vertriebsstrategie und legt anschließend fest, wie viele Ressourcen, also Geld und Manpower, ihr benötigt. Das ist allerdings nicht realistisch. Denn wie sieht die Realität aus? Start-ups haben immer nur ein bestimmtes finanzielles Budget und eine begrenzte Personalstärke zur Verfügung.

Hinzu kommt auch das vorhandene bzw. nicht vorhandene Know-how im Unternehmen. Ein Beispiel: Wenn es im Team keinen Experten für das Online-Marketing gibt, müsst ihr entweder jemanden einstellen, eine externe Agentur beauftragen, einen bestehenden Mitarbeiter ausbilden oder den Vertrieb anders aufbauen. Ihr könnt also wild drauf losplanen, aber wenn ihr die entsprechenden Ressourcen nicht habt, bringt das relativ wenig.

Also empfehle ich folgende, zweite Vorgehensweise:

Plant für Marketing und Vertrieb genügend finanzielle Mittel ein. Denkt dran: Vertrieb kostet Geld. Oft sehe ich in Businessplänen, dass für diesen Bereich zu wenig Geld kalkuliert wird. Oder die Umsätze werden zu früh und zu hoch eingeplant. Und wenn für diesen Bereich das Geld ausgeht, dann geht dem ganzen Unternehmen das Geld oder besser gesagt die Luft aus. Ihr sucht einen Investor und er möchte gerne weniger investieren, als ihr geplant habt? Vergesst es und sagt ihm ab. Wo sparen Gründer in diesem Fall? Im Vertrieb und im Marketing. Das kann nicht klappen.

Analysiert genau, welche Marketing- und Vertriebsstärken ihr im Unternehmen habt. Viele Start-ups scheitern daran, dass ihnen genau das fehlt, denn sie entwickeln lieber am Produkt. Vor einigen Jahren traf ich einen Gründer, der mit seinem Unternehmen auch in den Staaten erfolgreich war. Seine sicherlich etwas übertriebene Aussage habe ich nicht vergessen.

> In Deutschland entwickeln neun Ingenieure an einem Produkt und ein Vertriebler soll es draußen verkaufen. In den USA entwickelt ein Ingenieur und neun Vertriebler sind vor Ort bei den Kunden.

Idealerweise habt ihr bereits einen Vertriebsprofi im Gründerteam oder holt euch die Expertise über einen Business Angel.

Bei Unternehmensgründungen werden die Jobs oft schnell verteilt. Einer, häufig der Ideengeber, übernimmt den Job des CEO, ist also verantwortlich für die Unternehmensleitung. Der CTO, der Chef der Technik, ist dann ebenfalls schnell bestellt. Wer eine BWA, eine betriebswirtschaftliche Auswertung, lesen kann, ist der CFO, der Chef der Finanzen. Und wer ist der CSO, der Verantwortliche für den Vertrieb? Für mich übrigens (ja, das ist ein Vertriebsbuch) die wichtigste Position im Unternehmen.

Kein Vertriebsexperte im Team

Ein Problem, dass ihr nicht unterschätzen solltet. Für viele Investoren ist das ein Dealbreaker: kein Vertriebler an Bord – kein Investment. Was nützt das beste Produkt, wenn es keiner verkauft. Und von selbst verkauft sich kein Produkt. Was also tun?

Möglichkeit 1 – die beste Lösung: Geht auf die Suche nach einem Co-Founder, der den Vertrieb übernimmt. Was aber zugegeben nicht einfach ist. Wo könnt ihr einen Co-Founder mit dem Vertriebs-Gen finden?

- Schaut euch auf Hackathons, Gründerwochenenden und bei Vorträgen für Gründer um. Dort sind oft Leute, die gründen wollen, denen aber die Idee oder das Team fehlen.
- Schaut euch erfolgreiche junge Unternehmen in eurer Region an. Gibt es ein Unternehmen, das inzwischen viele Mitarbeiter hat? Vielleicht sogar im Vertrieb? Es kann durchaus sein, dass dort der ein oder andere Mitarbeiter von seinem eigenen Start-up träumt. Die Vorteile liegen auf der Hand. Diese Leute haben schon mal ein gewisses Start-up-Gen. Und dazu kommt noch die Vertriebserfahrung, die die Mitarbeiter gesammelt haben. Also einfach die Leute ansprechen.

Möglichkeit 2 – die zweibeste Lösung: Stellt einen Vertriebler ein. Idealerweise sollte er oder sie vorher in einem kleineren Unternehmen gearbeitet haben. Leute aus Großkonzernen kommen in Start-ups oft nicht zurecht. Die Unterschiede in der Firmenkultur sind einfach zu groß.

Zwei große Fehler machen Unternehmen bei der Einstellung eines Vertriebsmitarbeiters:

- Fehler Nr. 1: Der Job eines jeden Vertrieblers ist, etwas zu verkaufen. Und besonders gut verkaufen die Leute zuerst einmal sich selbst. Einen richtig guten Vertriebsmitarbeiter zu finden, ist schwer. Also hinterfragt alles, was er oder sie euch erzählt.
- Fehler Nr. 2 (und dieser Fehler ist so richtig teuer): Ein Mitarbeiter für den Vertrieb wird gefunden und eingestellt. Das Gründerteam ist zufrieden und kümmert sich wieder um die eigenen Aufgaben. Das Problem im Vertrieb ist ja gelöst. Doch das geht oft schief. Ihr müsst einen angestellten Vertriebsmitarbeiter eng führen. Regelmäßige Meetings, Reports und vor allem über KPIs (siehe Kapitel 12.2). Nur so stellt ihr fest, dass ihr auch den richtigen Mitarbeiter eingestellt habt.

Möglichkeit 3 – wirklich nur die drittbeste Lösung: Holt euch einen Business Angel an Bord, der weiß, wie der Vertrieb bei Start-ups geht. Ich selbst bin an einigen Start-ups beteiligt. Mein Job ist es, dem Team zu helfen, die PS auf die Straße zu bringen. Teilweise aktiv, meist aber zeige ich nur auf, was zu tun ist. Das kann bereits reichen. Ihr benötigt aber trotzdem jemanden, der in der Firma den Hut aufhat, also die Verantwortung übernimmt.

Möglichkeit 4 – mit Abstand die schlechteste Lösung: Ihr bestimmt einen Verantwortlichen im Unternehmen. Dieser beauftragt externe Agenturen, einen Teil der

Aufgaben zu übernehmen. Das können SEO-Agenturen sein, Call Center, Influencer-Marketing-Agenturen, E-Commerce-Agenturen und so weiter. Diese Lösung ist teuer. Sie hat aber auch den Vorteil, dass man sich die besten Partner aussuchen und auch sehr schnell austauschen kann. Das Problem ist aber, dass eine Kernkompetenz nicht im Unternehmen verankert ist. Oft ebenfalls ein Dealbreaker für Investoren.

Wichtig: Erstellt eine Vertriebsstrategie! Und baut direkt ein Controlling ein: Wann sind welche Ausgaben für was in den nächsten zwölf Monaten geplant? Das Startup Sales Canvas ® wird euch dabei helfen. Wenn ihr das Buch konzentriert durchgearbeitet habt, müsste am Ende eine Vertriebsstrategie vor euch auf dem Tisch liegen.

TAKE AWAY

- Plant ausreichend Ressourcen ein: Manpower und finanzielle Mittel.
- Verteilt die Aufgaben und kümmert euch um einen Verantwortlichen für den Vertrieb.

6 Baustein 3: Wettbewerber

Der chinesische Stratege Sun Tzu (oder auch Sunzi) beschrieb bereits im 4. Jahrhundert vor Chr. in seinem Buch »Die Kunst des Krieges«:

> *Kenne deinen Gegner und kenne dich selbst, dann wirst du in 100 Schlachten nicht in Gefahr sein. Wenn du den Gegner nicht, dich selbst jedoch kennst, sind deine Chancen, zu gewinnen oder zu verlieren, gleich. Kennst du weder deinen Gegner noch dich selbst, so wirst du in jedem Kampf in Gefahr schweben.*
>
> Sun Tzu, chinesischer Stratege

Ein Buch, das in vielen Managementkursen gelehrt wird. Der Grund ist, dass sich viele seiner beschriebenen Ansichten auf das Wirtschaftsleben übertragen lassen. So auch das gewählte Zitat, dass nichts anderes besagt, als dass euer Unternehmen jeden Wettbewerber kennen muss und sich mit ihm in einen Vergleich setzt.

Merke! !

Wettbewerbsbeobachtung ist für jedes Unternehmen von strategischer Bedeutung und damit Chefsache. Und das dauerhaft und regelmäßig.

Ziele der Wettbewerbsbeobachtung und -analyse sind:

- von den Besseren lernen
- aus den Schwächen der Mitbewerber die eigenen Stärken entwickeln
- eine bewusste Positionierung anhand der Positionierung der Wettbewerber, also die Abgrenzung zu der Konkurrenz
- aufgrund der Analyse die richtige Wettbewerbsstrategie festlegen
- schnelle Reaktion auf Veränderungen am Markt wie neue Produkte, Änderungen am Preis, Sonderaktionen

6.1 Die Wettbewerbsanalyse

Aber wie baut man eine vernünftige Wettbewerbsanalyse auf? Folgende Punkte müsst ihr abarbeiten:

Direkte Wettbewerber

Direkte Wettbewerber sind Unternehmen, die einem sofort einfallen, wenn man über die Konkurrenz nachdenkt. Somit in der gleichen Branche mit gleichen Produkten und der gleichen Zielgruppe. Eventuell auch noch in der Nachbarschaft, also in der gleichen Region.

Indirekte Wettbewerber
Jetzt wird es schon etwas schwieriger, da diese Marktbegleiter nicht sofort zu erkennen sind. Die indirekten Wettbewerber bedienen die gleiche Zielgruppe, haben aber eine andere Lösung. Da diese Anbieter für eure Kunden interessant sein könnten, müsst ihr diese unbedingt im Auge behalten. Ein Beispiel: Für das Start-up FlixBus sind andere Busunternehmen direkte Konkurrenten. Die Deutsche Bahn oder auch Billigflieger sind indirekte Wettbewerber. Die angebotene Leistung ist eine andere, aber es sind Alternativen für Reisende.

6.2 Die Daten

Um eine vernünftige Wettbewerbsbeobachtung durchzuführen, benötigt das Unternehmen zielgerichtete, vorher klar definierte Daten.

Welche Daten sollten betrachtet werden? Hier ein paar Vorschläge:
- Marktgröße
  - Marktsegmente
  - Marktanteile im Segment
  - Umsätze
- Produktangebot
  - Größe des Sortiments
- Stärken/Schwächen der Produkte
  - Technische Funktion und das Handling
  - Qualität
  - Form- und Farbdesign
  - Unterlagen
  - Support/Lieferzeiten
  - Garantien
- Preisstruktur/Preispolitik
  - Preislisten
  - Angebote
  - Sonderaktionen
- Zielgruppe
- Region (regional/bundesweit/international)
- Kooperations- oder Vertriebspartner
- Aufbau Vertrieb
- Vertriebskanäle
- Lieferanten der Wettbewerber
- Kunden der Wettbewerber
- Marketingkommunikation
- Patente

Datenquellen

Und woher kommen die Daten? Hier gibt es eine Vielzahl von Möglichkeiten:

- **Google Alerts**: ein ideales Werkzeug, um sich über bestimmte Themen auf dem Laufenden zu halten. Einmal eingerichtet, wird der Nutzer in den von ihm gewählten Intervallen über Neuigkeiten per Mail informiert.
- **mention.com/en**: Eine Alternative zu Google Alerts. Das Tool durchsucht das Web nach vom Benutzer definierten Begriffen und informiert in Echtzeit.
- **North Data**: bietet Zahlen zu einem Unternehmen wie Umsatz, Gewinn/Verlust und Mitarbeiter
- **XING/LinkedIn**: Wahrscheinlich ist der Außendienst dort auch mit seinen Kunden vernetzt. Besucht die Seite mit dem Zugang eines Bekannten von euch. Da der Besuchte euren Aufruf sieht, wird er sonst vielleicht misstrauisch.
- **eigene Analyse** der Wettbewerber-Webseite (Referenzkunden, geplante Events/ Messen, Team, Jobangebote)
- **Messen**, auf denen eure Mitbewerber ausstellen
- **Gespräche mit den Lieferanten** des Wettbewerbers. Gerade Vertriebler reden gerne. Und der Lieferant eures Konkurrenten kann ja auch euer Lieferant werden oder ist es vielleicht schon.
- **Fachtagungen und -zeitschriften**
- **der eigene Außendienst** (häufig vergessen!). Die Mitarbeiter im Vertrieb sind jeden Tag beim Kunden. Hier gibt es oft interessante Neuigkeiten über die Mitbewerber.

Zeitpunkt der Analyse

Wann ist es sinnvoll, die Wettbewerbsbeobachtung durchzuführen? Das ist sehr einfach zu beantworten: laufend! Bleibt dran, ansonsten werdet ihr vielleicht von einer Aktion oder einem neuen Produkt eures Mitbewerbers überrascht. Und dann bleibt oftmals keine Zeit zum Reagieren.

6.3 Die Zielgruppe der Analyse

Für wen sind die Auswertungen der Beobachtung eigentlich gedacht? Zum einen natürlich für die Geschäftsführung. Aufgrund der vorliegenden Daten kann die Unternehmensstrategie angepasst werden. Zum anderen sind sie ideal zum Erstellen von Battle Cards für den Vertrieb. Alle wichtigen Infos zu den Battle Cards findet ihr in Kapitel 14 (Verkaufsunterlagen). Außerdem zeigt es Investoren, dass ihr eure Mitbewerber im Auge habt.

Die einfachste und schnellste Übersicht ist wahrscheinlich eine Tabelle wie im folgenden Beispiel.

Position: sehr stark (++), stark (+), neutral (o), schwach (-), sehr schwach (--)

	Wettbewerber A	**Wettbewerber B**	**Wettbewerber C**	**eigenes Unternehmen**
Größe des Sortiments	++	+	o	+
Technische Funktionen	+	++	+	-
Qualität	++	o	--	+
Form- und Farbdesgin	o	--	-	o
Lieferzeiten	-	+	++	o
Support	--	--	++	+
Brand/Markenstärke	++	++	--	--

Beispiel: Zielgruppenanalyse in Tabellenübersicht

In Kapitel 13 (Tools) findet ihr eine Sammlung von geeigneten Tools zur Konkurrenzanalyse.

TAKE AWAY

- Die Beobachtung der Wettbewerber ist extrem wichtig und ist Chefsache.
- Beobachtet den Wettbewerb laufend und seht es als eine Art Frühwarnsystem an.
- Achtet neben den direkten Wettbewerbern auch auf die indirekten Wettbewerber.

7 Baustein 4: USP – Elevator Pitch – Storytelling

Die alles entscheidende Frage für jeden Unternehmer und somit auch für Gründer ist: Aus welchem Grund sollen Kunden mein Produkt oder meine Dienstleistung kaufen? Eine Frage, die nach meinen Erfahrungen viele Gründer unterschätzen. Aber der Reihe nach. In diesem Kapitel wollen wir drei verschiedene Themen ansprechen. Wir starten mit dem USP, also dem Alleinstellungsmerkmal. Im zweiten Abschnitt kommen wir zum Elevator Pitch, der in manchen Situationen sehr wichtig sein kann. Vielleicht ist es für euch sogar sinnvoll, zwei oder drei Elevator Pitchs zu haben. Und drittens betrachten wir das Storytelling.

7.1 Der USP/das Alleinstellungsmerkmal

Schauen wir zuerst einmal, was Wikipedia dazu schreibt:

»Als Alleinstellungsmerkmal (USP, engl. *unique selling proposition* oder *unique selling point*) wird im Marketing und in der Verkaufspsychologie das herausragende Leistungsmerkmal bezeichnet, durch das sich ein Angebot deutlich vom Wettbewerb abhebt. Synonym ist veritabler Kundenvorteil. Das Alleinstellungsmerkmal sollte »verteidigungsfähig«, zielgruppenorientiert und wirtschaftlich sein sowie in Preis, Zeit und Qualität erreicht werden. Der Begriff gehört zum Grundvokabular des Marketings. Ein Alleinstellungsmerkmal, d. h. ein einzigartiges Nutzenversprechen, soll mit dem Produkt verbunden werden.« Oder, wie ich es sage: »Warum bist du anders und verdienst Aufmerksamkeit?«

Aber wieso ist das Alleinstellungsmerkmal so wichtig? Nun, löst ihr mit eurem Produkt oder eurer Dienstleistung ein wirkliches Problem? Oder gibt es schon Anbieter mit vergleichbaren Lösungen? Wenn es bereits etwas Vergleichbares auf dem Markt gibt, dann müsst ihr dem Kunden schon ein Argument liefern, aus welchem Grund er bei euch kaufen soll. Findet ihr kein Argument, dann wird der Kunde die Frage stellen, aus welchem Grund er von seinem bisherigen Anbieter zu euch wechseln soll.

Man braucht keinen USP, um gute Geschäfte zu machen, aber es hilft ungemein!
Roman Kmenta, Keynote Speaker und Unternehmer

7.1.1 USP und Positionierung

Wie hängen das Alleinstellungsmerkmal und die Positionierung zusammen?

Der USP ist das Kondensat, die Zusammenfassung eurer strategischen Positionierung. Wer also bei dem Baustein »Positionierung/Markenversprechen« gut gearbeitet hat, dem wird die Formulierung des USP deutlich einfacher fallen. Okay. Soweit verstanden.

Klären wir erst einmal, was kein USP ist: »Bei uns steht der Kunde im Mittelpunkt. Service, Qualität und Freundlichkeit werden bei uns großgeschrieben.« Das ist kein Alleinstellungsmerkmal, das ist eine Selbstverständlichkeit.

Woraus kann ein USP bestehen?
Dies könnte zum Beispiel ein bestimmtes Qualitätsmerkmal oder eine spezielle Eigenschaft des Produktes oder der Dienstleistung sein. Auch die Anwendung eines besonderen Verfahrens, das Firmenimage oder die Besonderheiten oder speziellen Fähigkeiten der Mitarbeiter können euren USP bilden.

Ein Beispiel: Nehmen wir an, du bist der Einkäufer eines großen Herstellers von Kabelbindern. Nun hat die Geschäftsführung beschlossen, ein Werk in Aserbaidschan zu bauen. Deine Aufgabe ist es, die Produktionsmaschine einzukaufen. Leider gibt es einige Probleme. Zunächst kommt es zu regelmäßigen Stromausfällen im laufenden Betrieb. Darüber hinaus gibt es vor Ort kaum Fachkräfte. Es besteht also die Gefahr, dass die Maschine regelmäßig durch Stromunterbrechungen und unsachgemäße Pflege immer wieder stehen bleibt. Und jede Maschine, die steht und nicht produziert, kostet Geld.

Nun hast du zwei Anbieter, deren angebotene Produktionsanlagen sich von der Leistung nicht wirklich unterscheiden. Nur ist die Maschine von Anbieter B zehn Prozent teurer als die des Anbieters A. Eigentlich ist die Entscheidung bereits klar. Also lässt du dir den Außendienstmitarbeiter von Unternehmen B kommen und fragst ihn, aus welchem Grund du seine Maschine kaufen sollst, die bei einer gleichen Leistung zehn Prozent mehr kosten soll. Der Mitarbeiter lächelt dich an und sagt: »Wir sind das einzige global aufgestellte Unternehmen in diesem Bereich und das bedeutet für Sie, dass Sie in jedem Land, in dem Sie heute tätig sind, auf Servicekräfte von uns zurückgreifen können. Damit stellen Sie sicher, dass die Standzeiten Ihrer Maschinen im Notfall auf ein Minimum begrenzt sind.«

Upps, das ist mal ein Alleinstellungsmerkmal. Nun musst du überlegen, was bei einem Maschinenstillstand passiert. Anbieter A muss erst einmal die Einreise eines Technikers aus Deutschland mit allem Formularkram organisieren, dazu die entsprechenden

Flüge bzw. die Anreise organisieren. In der Zeit war die Servicekraft von Anbieter B schon vor Ort und die Anlage produziert wieder.

Das Beispiel zeigt, dass selbst bei gleicher Leistung der Preis nicht entscheidend sein muss. Man muss nur den richtigen, überzeugenden USP haben.

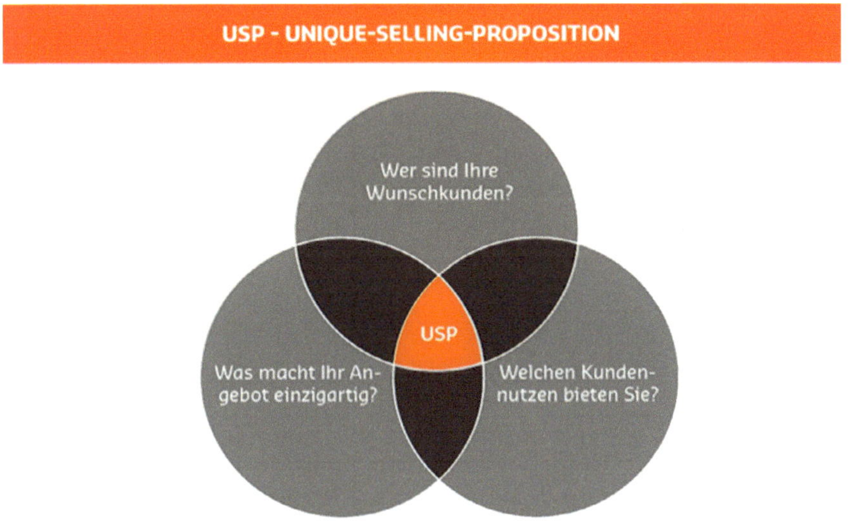

Abb. 8: USP – Unique Selling Proposition (Quelle: https://www.saxoprint.de/b2bmanager/glossar/unique-selling-proposition)

Wie kommst du zu einem USP?
Das gelingt dir mit folgenden fünf Schritten:

1. Mitbewerber analysieren
2. Eigene Stärken definieren
3. Was will der Kunde?
4. Aussieben und eingrenzen
5. USP prägnant formulieren

7.1.2 Ein USP oder zwei?

Kann ein Unternehmen auch mehr als ein Alleinstellungsmerkmal haben? Ja, klar. Habt ihr nur eine Zielgruppe, dann solltet ihr auch nur einen USP, also ein Alleinstellungsmerkmal haben. Wenn ihr aber mehrere Zielgruppen habt, dann müsst ihr vielleicht zwei oder sogar weitere Alleinstellungsmerkmale definieren.

In meiner Einführung habe ich euch von Papersmart erzählt, meinem ersten Start-up. Papersmart ist eine Vergleichsplattform für Bürobedarf. Auf der einen Seite sind dort Händler, die Bürobedarf anbieten, und auf der anderen Seite Privatpersonen und Unternehmen, die günstig Büromaterial einkaufen wollen.

Somit sind also zwei Alleinstellungsmerkmale nötig, einmal für Händler und zum anderen für die Kunden, sprich die Einkäufer.

USP für Kunden
Papersmart ist mehr als ein Onlineshop. Wir vergleichen automatisch und in Echtzeit Ihren kompletten Bedarf für Büroartikel bei einer Vielzahl von Anbietern. Wir errechnen automatisch, ob es für Sie günstiger ist, Ihre Waren komplett bei einem Anbieter zu bestellen oder die Bestellung auf zwei verschiedene Anbieter zu verteilen. Sparen Sie sich den zeitaufwendigen und umständlichen Vergleich, im Netz selbst nach dem günstigsten Angebot zu suchen.

USP für Händler
Papersmart ist eine unabhängige Plattform für PBS-Produkte. Wir akquirieren durch gezielte Werbemaßnahmen bundesweit Privat- und Geschäftskunden für Sie. Wir nehmen die Bestellung auf und leiten diese an Sie weiter. Und dies ganz ohne fixe Kosten. Wir glauben an E-Commerce und arbeiten auf reiner Provisionsbasis.

Wie ihr also seht, kann es durchaus vorkommen, dass Unternehmen mehrere Alleinstellungsmerkmale haben.

7.2 Elevator Pitch

Fangen wir erst einmal mit der Entstehungsgeschichte des Elevator Pitch (Präsentation im Aufzug) an. Wenn man googelt, dann wird man auf den Namen Ilene Rosenberg stoßen. Die ehemalige Journalistin behauptet in einem Podcast vom 13. Juli 2015, dass der Begriff Elevator Pitch von ihr stammt:

»Ich nehme an, dass ich den Begriff ›Elevator Pitch‹ geprägt habe, als ich in New York lebte. Ich vermute, es war in den 90ern. Ich war Journalistin und ging damals mit einem anderen Journalisten, Michael Caruso, aus. Er war damals leitender Redakteur bei der Vanity Fair. Es war ein sehr aufregender Job, weil die Chefredakteurin Tina Brown war. (…) Aber sie war immer auf Achse und er versuchte, sie zu erwischen, um ihr eine Geschichte zu verkaufen. Manchmal blieb ihm nur die Möglichkeit, zu ihr in den Aufzug zu springen, wenn sie auf dem Weg zu ihrem Town Car war. Er hatte vier Stockwerke lang Zeit, ihr eine Idee für eine Story mit 15.000 Wörtern zusammenzufassen.«

Damit ist das Thema relativ klar. Du triffst auf einer Veranstaltung am Buffet einen wichtigen Investor. Und während ihr darauf wartet, dass der Koch die Speisen nachlegt, fragt der Investor beiläufig: »Und, was machst du so?« Jetzt solltest du innerhalb von 30 Sekunden einen kleinen Pitch vorbereitet haben mit dem Ziel, dass das Interesse von deinem Gegenüber geweckt wird.

Dein Elevator Pitch ist vielseitig einsetzbar: um Interesse bei potenziellen Investoren zu wecken, Kunden und Interessenten für dein Produkt oder deine Lösung zu begeistern und um strategische Partnerschaften anzubahnen.

Der ideale Pitch sollte zwischen 30 und 45 Sekunden dauern, also ungefähr 100 bis 150 Wörter enthalten und leicht anzupassen sein – je nach Kontext auszuweiten oder zu kürzen.

Was muss rein in den Elevator Pitch?

Eine bewährte Methode aus dem Marketing ist die AIDA-Formel. Es steht für die englischen Begriffe ***A**ttention* (Aufmerksamkeit), ***I**nterest* (Interesse), ***D**esire* (Verlangen) und ***A**ction* (Handlung).

Schritt 1: Attention – Erwecke Aufmerksamkeit

Denk dran: Deine Zeit für den Pitch ist begrenzt. Aus diesem Grund ist der Start sehr wichtig. Kurz und knackig, für ausführliche Beschreibungen fehlt die Zeit. Empfehlenswert ist daher, direkt mit einem starken Einstiegssatz zu punkten. Verblüffe deine Zuhörer beispielsweise mit einem spannenden Fakt aus dem Reich der Statistik, einem kontroversen Statement oder stelle eine rhetorische Frage. Wichtig: Du musst sofort die Aufmerksamkeit deines Gegenübers gewinnen.

Hier ein paar (Hintergrund-)Fragen, um den richtigen Einstieg zu finden:

- Wer ist dein Gegenüber und wer ist die Zielgruppe?
- Sprichst du mit einem Investor, einem Kunden oder einem strategischen Partner? Für jede Gruppe benötigst du einen anderen Pitch.
- Welches Problem hat der Angesprochene? Welche Probleme oder welche Herausforderungen beschäftigen ihn? Konzentriere dich nur auf die wichtigsten Problemstellungen deiner Zuhörer!

Schritt 2: Interest – Schaffe Verbindungen

Jetzt hast du die Aufmerksamkeit (Schritt 1) und musst nun deine Vision oder Absicht nennen. Wo ist das Alleinstellungsmerkmal deines Produktes oder deiner Dienstleistung? Den USP musst du in einem Satz rüberbringen.

Schritt 3: Desire – Nenne klare Mehrwerte

Dein Ziel muss es sein, den Zuhörer dazu zu bringen, dass er mehr von dir und deinem Angebot wissen will. Wecke also das Begehren, indem du ihm die Vorteile und den Mehrwert für ihn darlegst. Wichtig: Der Wurm muss dem Fisch schmecken, nicht dem Angler. Also versetze dich in die Lage deines Gegenübers und überlege, wo seine Vorteile in einer Zusammenarbeit liegen könnten.

Schritt 4: Action – Rufe zum nächsten Schritt auf

Das wird bei den meisten Elevator Pitchs vergessen. Du benötigst einen Call-to-Action, also einen konkreten Aufruf, etwas zu tun. Ein Beispiel: »Wenn Sie mir Ihre Visitenkarte geben, würde ich Sie in den nächsten Tagen anrufen und einen Termin vereinbaren. Dann kann ich Ihnen ausführlich die Vorteile unserer neuen Software vorstellen.«

TAKE AWAY

- Wer ist dein Gegenüber? Ein Kunde, ein Geschäftspartner oder vielleicht der Investor, auf den du schon lange wartest? Also bereite verschiedene Pitchs vor, für jede Zielgruppe einen.
- Wie ist der Einstieg in den Pitch? Er entscheidet, ob dein Gesprächspartner weiter zuhört. Am Anfang sollte es also spannend sein und den Zuhörer in den Bann ziehen. Vielleicht mit einer kurzen Geschichte.
- Wichtig ist eine verständliche Sprache. Bitte keine Abkürzungen oder Fachbegriffe. Das überfordert in einem kurzen Pitch dein Publikum.
- Das Alleinstellungsmerkmal muss sehr schnell erkenntlich sein. Wieso sollen Kunden dein Produkt oder deine Lösung in Anspruch nehmen und nicht die eines anderen Unternehmens?
- Welchen Nutzen bringt deine Idee dem Angesprochenen? Was hat dein Gegenüber von deiner Idee? Das kann ein Angebot sein, eine Zusammenarbeit oder vielleicht ein Investment. Eins haben alle Menschen gemeinsam: Sie interessieren sich in erster Linie für sich selbst. Es geht daher nicht darum, was du interessant findest. Wenn du dein Gegenüber erreichen willst, musst du herausstellen, warum dein Angebot für ihn interessant ist.
- Achte auf deine Körpersprache und deine Satzmelodie und Betonung. Auch das spannendste Thema kann man so vortragen, dass der Zuhörer nach einigen Sekunden schon die Aufmerksamkeit verliert.
- Hast du eine Aufforderung am Schluss? Mache dir Gedanken, was du erreichen willst. Vielleicht einen Termin oder die Telefonnummer für einen weiteren Austausch?
- Denk an die Deadline! Sinnbildlich: Wenn der Aufzug angekommen ist, musst du fertig sein.

- Üben! Üben! Üben! Du hast vielleicht nur einmal in deinem Leben die Chance vor deinem Kunden oder Investor zu pitchen. Also übe den Pitch. Zuerst vor einem Spiegel, dann vor deiner Familie oder Freunden. Denk dran: Für den ersten Eindruck gibt es keine zweite Chance.

Und hier noch ein Beispiel. Ich habe einfach meinen Elevator Pitch genommen. Meine Zielgruppe sind Gründer.

(Attention – Aufmerksamkeit): Die Fakten: 50 Prozent der Start-ups verschwinden nach zwei Jahren, 80 Prozent sind nach drei Jahren weg vom Markt. Nach fünf Jahren hat nur eins von zehn Start-ups überlebt. Der größte Teil der erfolglosen Start-ups scheitert am Vertrieb. Die Folge: Insolvenz, Stress mit Investoren und private Probleme.

(Interest – Interesse): Ich habe selbst mehrfach gegründet, erfolgreich und auch ohne Erfolg. Inzwischen berate ich Start-ups im Vertrieb. Als erster Vorsitzender der Business Angels RLP und Scout des HTGF habe ich jeden Tag Pitch Decks auf dem Tisch und schaue mir immer den Vertrieb an.

(Desire – Verlangen): Ich habe Start-ups untersucht, die gescheitert sind, und Start-ups, die erfolgreich sind. Bei den Erfolgreichen habe ich ein Muster festgestellt. Daraus ist das Startup Sales Canvas ® entstanden.

(Action – Handlung): Ich helfe Start-ups, schneller die geplanten Umsätze zu erreichen und sie groß und erfolgreich zu machen! Wenn du Interesse hast, gib mir deine Telefonnummer und ich rufe dich an.

7.3 Storytelling

> Facts tell, stories sell. (amerikanische Verkäuferweisheit)

Storytelling oder, auf Deutsch, Geschichten erzählen: Wozu braucht das ein Start-up? Menschen lieben Geschichten. Bereits vor einigen tausend Jahren, Wissenschaftler behaupten vor mehr als 40.000 Jahren, saßen die Menschen um das Lagerfeuer herum und erzählten sich Geschichten. Und bis heute erzählen Eltern ihren Kindern abends Geschichten.

Beim Storytelling geht es darum, durch das Verknüpfen von Informationen und Emotionen dauerhaft Aufmerksamkeit zu erlangen. Und jedes Unternehmen und erst recht jedes Start-up hat etwas zu erzählen, hat genug Material für eine Story.

Welche Vorteile hat das Storytelling?

Aufmerksamkeit: Durch ein gutes, spannendes Storytelling erzielt ihr eine erhöhte Aufmerksamkeit und weckt mehr Interesse als mit langweiligen Fakten oder Zahlen.

Kundenbindung: Voraussetzung für ein gutes Storytelling ist, neben der Übermittlung von Informationen, dass Emotionen erzeugt werden. Durch Emotionen identifizieren sich Kunden mit dem Team oder dem Produkt – und das bringt eine langfristige Kundenbindung.

Wirkung: Geschichten bestehen auch aus Bildern und diese werden im Gehirn anders verarbeitet als reine Informationen. Aus diesem Grund bleiben Geschichten auch viel länger haften. Ziel des Storytellings muss es also sein, Informationen und Fakten in eine bildhafte Geschichte zu packen.

Glaubwürdigkeit: Gute Geschichten haben einen bestimmten Ablauf. Das ist auch der Grund, wieso sie von den Zuhörern als glaubwürdig und zuverlässiger eingestuft werden.

Einfachheit: Die Welt wird immer komplizierter. Gute Geschichten sind einfach zu verstehen und können weitergegeben werden. Viele Menschen haben den Wunsch nach Einfachheit. Deshalb gehören in eine Geschichte nicht zu viele Informationen, weniger ist oftmals mehr.

Personalisierung: Gerade für Start-ups ist Storytelling interessant. In jeder guten Geschichte gibt es einen Helden. Der Held, bei Start-ups gerne der Gründer selbst, stößt auf ein Problem, einen Konflikt, und löst dieses.

Differenzierung: Produkte und Dienstleistungen werden immer ähnlicher. Es wird also immer schwerer, einen USP, das Alleinstellungsmerkmal, zu finden. Mit dem Storytelling, sprich mit einer spannenden, individuellen und glaubwürdigen Geschichte, könnt ihr euch von euren Marktbegleitern abheben.

Viralität: Geschichten werden weitererzählt. Je ausgefallener, spannender oder kurioser, desto höher ist die Verbreitung. Das war schon vor tausenden von Jahren so. Jeder kennt von uns die Geschichten von Schneewittchen und den sieben Zwergen, von Hänsel und Gretel. Geschichten eigenen sich auch für alle Kanäle, ob Facebook, Twitter, YouTube, für die Webseite, Erklärfilme oder das Kundenmagazin. Ideal natürlich auch für eine Präsentation vor Investoren oder Kunden.

TAKE AWAY

- Jedes Start-up hat Material für ein Storytelling.
- Je außergewöhnlicher, spannender, kurioser und emotionaler, desto besser.
- Nimm dein Alleinstellungsmerkmal und bette es in eine Geschichte für dein Storytelling ein.
- Wichtig: Authentizität. Die Geschichte muss zu dir passen.
- Bleib verständlich, einfach und vor allem nicht zu lange: Weniger ist oftmals mehr.

7.4 Die mymuesli-Story

Eine Fahrt zum See

»Die Geschichte unseres Bio-Müslis beginnt im Sommer 2005: Es ist so heiß, dass wir drei Studenten, Hubertus, Philipp und Max, uns auf dem Weg zum See machen. Im Auto hören wir den Radiospot einer bekannten Müslifirma. So kommen wir ins Gespräch über Werbung und Müsli: Wir malen uns aus, wie viel besser unsere Müsli-Werbung wäre. Ach, und unser Müsli erst...

Auf dem Rückweg halten wir an einem Supermarkt. Wie sieht die Müsli-Auswahl aus? Wir sehen eine Menge bunter Pappkartons mit diversen Cerealien auf ihrer Flugbahn in Richtung Frühstücksschale fliegen. Die ganze Müsliwand schreit »Leckerleckerlecker!« Aber überzeugt sind wir nicht.

Jeder von uns mag Müsli gern. Dennoch finden wir keines, dass uns dreien schmecken würde. Immer ist eine Zutat drin, die einer nicht mag. Warum nicht ein Müsli mixen, das nur die eigenen Lieblingszutaten enthält, also »custom-mixed muesli«? Und es sich dann direkt nach Hause schicken lassen.

Mit einer Umfrage wollen wir wissen, wie andere darüber denken: »Würden Sie Müsli online kaufen?« Aber das Ergebnis war ernüchternd: Keiner der Befragten kann sich vorstellen, Müsli im Internet zu bestellen. Dabei ist gerade Müsli mit seinen verschiedenen Zutaten und Variationsmöglichkeiten ein ideales Mass-Customization-Produkt.

Aber wir arbeiten neben dem Studium trotzdem an unserem Müsli-Projekt weiter. Am 30. April 2007 geht mymuesli.com online. Und es läuft besser an als gedacht: Nach zwei Wochen sind wir ausverkauft. Das Verrückte: Jede einzelne Dose füllen wir zu dem Zeitpunkt per Hand ab. Und die Müsli-Manufaktur? Die ist im 1. Stock in der Passauer Fußgängerzone.

Berlin, Hamburg, München – Wir sind in Passau verliebt! In die Menschen, die Umgebung und die Ruhe. Aber Liebe auf den ersten Blick ist es nicht. Denn wir drei wissen gar nichts von Passau vor unserem Umzug nach Niederbayern. Doch eines schon: dass die Uni gut sein sollte. Deswegen zieht es uns ja ursprünglich dorthin.

Eigentlich kommen wir aus allen Ecken Deutschlands: Hubertus aus Emden, Philipp vom Bodensee, Max aus München. Durch das Studium sind wir in Passau gelandet (Philipp und Hubertus studierten BWL, Max Jura) und haben die Drei-Flüsse-Stadt seitdem schätzen gelernt.

Heute produzieren wir in der alten Kühbacher Halle, im Herzen Passaus. 2007 gründen wir mymuesli in Passau, weil wir schon da sind. Das ist praktisch. Und Passau wird über die Jahre zu unserer wunderbaren »Müsli-Stadt«. Es ist also Liebe auf den zweiten Blick. Die aber hält bis heute.« (Quelle: https://www.mymuesli.com/ueber-uns/story)

TAKE AWAY

USP

- In ein bis zwei Sätzen zusammenfassen, wieso ihr anders seid und Aufmerksamkeit verdient.
- Aus einer guten Positionierung ergibt sich häufig ein Alleinstellungsmerkmal.

Elevator Pitch

- Ihr benötigt einen Elevator Pitch für verschiedene Gesprächspartner: Kunden, Investoren und interessante Geschäftspartner.
- 30 bis 45 Sekunden, nicht mehr – und denkt an den Schluss mit einer Handlungsaufforderung.

Storytelling

- Menschen lieben Geschichten. Geschichten bleiben lange im Gedächtnis.
- Geschichten müssen authentisch sein, also glaubhaft.

8 Baustein 5: Zielgruppen(-besitzer), Personas, Wunsch- und Nichtkunden

> Wir lösen die Probleme der Zielgruppen, bevor diese merken, dass diese Probleme bestehen. (Motto der Fischerwerke, Waldachtal, Hersteller von Befestigungssystemen)

In Businessplänen oder Pitch Decks von Start-ups lese ich oft folgende oder eine ähnliche Beschreibung der Zielgruppe:

»Unsere Zielgruppe ist zu gleichen Teilen weiblich und männlich, ist zwischen 25 und 65 Jahre alt, verfügt über ein durchschnittliches Einkommen von 2.500 Euro und hat einen qualifizierten Hauptschulabschluss, mittlere Reife oder Abitur.«

Leider kann man damit relativ wenig anfangen, denn wahrscheinlich passt diese Beschreibung auf 60 Prozent der Bundesbürger. Sie passt auf den Arbeiter aus dem Ruhrgebiet, vielleicht kurz vor der Rente, auf den Studenten aus Berlin, der nebenbei Apps programmiert, die 35-jährige Familienmutter aus München und sie passt auf die 50-jährige, alleinstehende Hamburgerin, die durch eine Erbschaft einige Immobilien ihr Eigen nennt. Solche Zielgruppenbeschreibungen sind das Papier nicht wert, auf dem sie gedruckt sind. Wieso? Wie will man denn so eine riesige Zielgruppe erreichen? Den Rentner vielleicht im öffentlich-rechtlichen Fernsehen, die Angestellte auf Facebook, die Hamburgerin mit der Tageszeitung und den Studenten vielleicht auf Instagram. Es hilft so also nicht weiter. Wir haben nur vier Personen ausgewählt. Allein sie haben eine unterschiedliche Mediennutzung, mit einer hohen Wahrscheinlichkeit einen anderen Modegeschmack, fahren vielleicht alle einen VW Golf und trinken alle gerne mal einen Wein von der Mosel. Die Personen sind also unterschiedlich, haben aber teilweise die gleichen Interessen. Aber wieso werden solche schwammigen Zielgruppenbeschreibungen in die Businesspläne eingebaut? Meine Erfahrung: Gründer haben Angst, dass sie die Zielgruppe zu eng, sprich zu klein, fassen. Die irrige Annahme: je größer die Zielgruppe, desto größer die Chancen auf möglichen Umsatz. Aber je größer eine Zielgruppe ist, desto schwerer ist sie gezielt anzusprechen. Aus diesem Grund empfehle ich Gründern immer, erst mit einer engen, spitzen Zielgruppe zu starten und diese erst später auszuweiten.

Wieso ist es so wichtig, meine Zielgruppe genau zu benennen?

Ich kann mich nur wiederholen: Marketing und Vertrieb kosten jede Menge Geld. Was, erneut wiederholt, in Businessplänen meist unterschätzt und viel zu knapp kalkuliert wird. Je besser ihr die Zielgruppe kennt und eingrenzt, desto besser könnt ihr diese mit euren Marketingaktivitäten erreichen. Das wollen wir in diesem Kapitel genau betrachten.

Dafür möchte ich vorab einige Begriffe klären.

Zielgruppe: Die Zielgruppe bezeichnet die Gruppe von Personen mit vergleichbaren Merkmalen und Interessen, die ähnliche Bedürfnisse und Wünsche haben und die ihr ansprechen möchtet. Für wen konkret bringt ihr euer Produkt oder eure Lösung auf den Markt?

Zielgruppenbesitzer: Vielleicht ist schon ein anderes Unternehmen aus einem anderen Bereich in der für euch interessanten Zielgruppe aktiv, also *besitzt* eure Zielgruppe bereits. Oft ist es sehr interessant und konstruktiv, mit den Besitzern eine Kooperation oder Zusammenarbeit gleich welcher Art einzugehen.

Buyer Personas: Während die Zielgruppe eher abstrakt umschrieben ist, gibt eine Buyer Persona der Zielgruppe ein Gesicht. Es handelt sich um eine fiktive, aber mit konkreten Eigenschaften versehene Person (auch mehrere), die euren typischen Kunden repräsentiert. Sie zu definieren ist Pflichtprogramm für Unternehmen jeder Größe und jeden Alters.

Kundentypen: Unternehmen müssen ihre Kunden heutzutage immer individueller abholen und begeistern. Aber welche Kundentypen gibt es, wie kann man sie erkennen und vor allem wie spreche ich sie an? Alles dazu schauen wir uns in Kapitel 8.4 an.

Sinus Milieus: ein kurzer Ausflug in die Gesellschafts- und Zielgruppen-Typologie. Für junge Unternehmen wohl etwas zu tiefgehend, trotzdem sollen sie nicht unerwähnt bleiben.

Wunschkunden: Macht die Augen zu und träumt einfach einmal. Bei welchen Unternehmen würdet ihr sagen: »Wenn dieser Auftraggeber zu unseren Kunden zählt, dann haben wir es geschafft!« Träumen ist okay, zum Umsetzen kommen wir in Kapitel 8.6.

Nichtkunden: Das sind Unternehmen, die ihr noch nicht gewinnen konntet oder für die bisher auf dem Markt noch keine Lösung da ist. Zwei Beispiele in Kapitel 8.7 zeigen, dass es sich lohnt, sich auch über diese Gruppe Gedanken zu machen.

8.1 Die Zielgruppe

Steigen wir ein mit der Zielgruppe. Um diese Gruppe zu definieren, gibt es eigentlich nur zwei Fragen:

1. Für wen macht ihr das Produkt oder die Dienstleistung?
2. Wer soll euer Produkt oder die Dienstleistung kaufen?

Jetzt werdet ihr euch vielleicht fragen, worin der Unterschied zwischen den beiden Fragen liegt. Ein Beispiel zur Verdeutlichung: die Barbie-Puppe, seit über sechzig Jahren ein Erfolgsmodell der Firma Mattel. Für wen wird das Produkt gemacht? Nun, für Mädchen zwischen drei und zwölf Jahren. Aber kaufen, und das beantwortet Frage zwei, sollen es die Eltern. Ein Produkt, aber zwei Zielgruppen, die angesprochen werden müssen. Die Definition der Zielgruppe ist ein wichtiger Teil der Marketing- und Vertriebsstrategie. Wer hier nicht ordentlich arbeitet, begeht einen meines Erachtens gefährlichen Fehler. Wenn ihr die falsche Zielgruppe bewerbt, verbrennt ihr wertvolle Marketinggelder. Und nicht nur sie.

8.1.1 Typische Fehler bei der Bestimmung

- Es ist keine Zielgruppenanalyse vorhanden. Die Kundengewinnung ist also reiner Zufall. Marketinggelder werden mit der Gießkanne planlos ausgeschüttet.
- Die Zielgruppe ist zu allgemein: Hier regiert wieder die Angst, bestimmte Gruppen zu vergessen. Die Werbung spricht die Kunden nicht an, das Marketing(budget) verpufft zu einem großen Teil.
- Die Zielgruppe ist zu eng bestimmt. Euer Produkt oder eure Lösung ist nur für wenige Kunden geeignet.
- Es besteht ein Zielgruppenmix, was bedeutet, dass das Unternehmen unterschiedliche Zielgruppen als eine Zielgruppe betrachtet. Tatsächlich sind es aber mehrere, die anders angesprochen werden müssen. Das Problem dabei ist, dass die Werbung keinen in der Zielgruppe richtig anspricht und der Kundennutzen nur schwer zu vermitteln ist.
- Zielgruppe und Entscheider (Käufer) werden vermischt. Das ist in manchen Fällen die gleiche Person, in anderen Bereichen können es aber unterschiedliche Personen sein. Ein Beispiel: Die Zielgruppe für eine neue Buchhaltungssoftware ist wahrscheinlich der Buchhalter, der Entscheider über die Anschaffung ist aber der kaufmännische Leiter oder der Geschäftsführer.

8.1.2 Suche nach der erfolgversprechendsten Zielgruppe

In der Regel lässt sich die Nachfrage für ein Geschäftsfeld in sehr unterschiedliche Zielgruppen untergliedern, deren Ansprüche und Bedürfnisse variieren. Nun gilt es aber, aus den möglichen Zielgruppen die erfolgversprechendste herauszufinden. Damit können die Aufwendungen für das Marketing gezielter eingesetzt werden.

Umso wichtiger: Je präziser die speziellen Stärken eures Unternehmens bzw. die von euch angebotene Problemlösung mit den speziellen Bedürfnissen eurer (finalen) Zielgruppe übereinstimmen, desto sicherer sind Akzeptanz und Erfolg.

Wie findet ihr also die richtige Zielgruppe? Genau in vier Schritten.

Schritt 1: Analysiert gruppenspezifische Merkmale
Bei der Zielgruppendefinition geht es darum, die Eigenschaften der Wunschkunden herauszuarbeiten. Dabei stellt sich die Frage, welche Wünsche, Probleme oder Bedürfnisse eure Kunden haben. Und immer daran denken: »Löst das Problem eurer Kunden – und sie werden euch nie wieder verlassen!« Wichtig: Probleme, Wünsche und Bedürfnisse können sich mit der Zeit ändern. Also muss sich auch die Lösung daran anpassen! Sucht so viele Zielgruppen wie möglich! Oft lässt sich eine Zielgruppe noch weiter segmentieren, z. B. nach ihrer Größe, der regionalen Streuung usw.

Schritt 2: Erfasst die erfolgversprechendste Zielgruppe
Konzentriert euch auf die erfolgversprechendste Zielgruppe. Vergesst, schwächere Kaufgruppen stärker an euch zu binden. Setzt stattdessen auf die Zielgruppe, die am stärksten vom Unternehmensangebot angesprochen wird und die auch in Zukunft die erfolgversprechendste sein wird. Beantwortet daher folgende Fragen:

- Welche Eigenschaften hat diese Zielgruppe?
- Welche Bedürfnisse und Ansprüche hat diese Zielgruppe?
- Welche Werbe- und Marketingstrategien werden von dieser Zielgruppe bevorzugt?
- Wie wurde diese Zielgruppe bisher erreicht und angesprochen?

Zu diesem Zeitpunkt empfehle ich bereits erste Tests oder Befragungen in der herausgefundenen Zielgruppe. Formuliert ein Angebot und geht raus zu den potenziellen Kunden. Ihr werdet erstaunt sein, wie gerne die Leute jungen Gründern helfen wollen. In dieser Phase erhaltet ihr wertvolles Feedback.

Schritt 3: Beseitigt das Problem der Zielgruppe
Die stärkste Zielgruppe ist nun charakterisiert. Jetzt gilt es, mögliche Probleme eurer Hauptkunden zu lösen. Ein Beispiel: Für die Kundengruppe der kleinen Bürobedarfshändler ist der Einkauf ein Problem, da aufgrund der niedrigen Umsätze die Rabatte der Lieferanten niedrig sind. Einkaufsgenossenschaften haben dieses Problem gelöst und sind nun wichtiger Bestandteil in der Lieferkette der Händler. Durch weitere Angebote wie Schulungen und Unterstützung beim Marketing werden die Bürobedarfshändler an die Einkaufsgenossenschaften eng gebunden.

Analysiert eure derzeitigen Kunden:

- Welche sind lukrativ, wo verdient ihr Geld?
- Mit welchen Kunden macht die Zusammenarbeit Spaß?
- Wo seht ihr noch weiteres Potenzial?
- Fragt eure (potenziellen) Kunden, wieso sie bei euch kaufen (würden) und nicht bei den Mitbewerbern.

Schritt 4: Zielgruppenanalyse aktualisieren

Beschreibt eure ideale Zielgruppe schriftlich. Wie soll die Zielgruppe für eure Leistung, eure Lösung oder euer Produkt konkret aussehen? Märkte ändern sich, neue Anbieter kommen, alte Marktbegleiter verschwinden oder es gibt auf einmal eine neue Technik. Die Überprüfung der erfolgversprechendsten Zielgruppe muss jedes Unternehmen regelmäßig durchführen. Ihr müsst immer die beste Lösung für das aktuelle Problem des Kunden haben!

Denn genau da liegt ein Problem. Meist denken Gründer, ihre Kunden, also die Zielgruppe, ist ganz klar und einfach zu bestimmen. Und dann belassen sie es dabei. Das wird nicht funktionieren! Ihr müsst eure Zielgruppe immer im Blick haben und mit geänderten Bedürfnissen (proaktiv) umgehen.

Zur Veranschaulichung: Wer ist die Zielgruppe für Craftbier, also handwerklich gebrautes Bier? Die erste Reaktion: die Biertrinker. Das ist aber eine irrige Annahme. Tatsächlich ist es so, dass viele, die gern Wein trinken, sich jetzt auch für Craftbier interessieren, weil sich das Geschmacksprofil ähnelt. Es ist definitiv einfacher, einen Weintrinker zum Craftbier zu bekommen als einen klassischen Biertrinker. Der typische Biertrinker will keine Experimente, sondern etwas, von dem man auch mal zehn Flaschen trinken kann.

Der Fall Tollabox

Bevor ich das Beispiel Tollabox analysiere, das die Auswirkungen und letztlich das Scheitern bei der Auswahl der falschen Zielgruppe verdeutlicht, möchte ich dazu zwei Anmerkungen machen:

1. Zum einen ist das Scheitern in Deutschland immer noch mit einem Makel versehen. Für die Gründer oft eine Last, mit der sie noch Jahre leben müssen. Besonders wenn Investoren Geld in das Unternehmen gesteckt haben. Aus diesem Grund bin ich sehr froh darum, dass der Gründer in dem Artikel so offen und ehrlich über das Scheitern und die Gründe gesprochen hat.
2. Die zweite Anmerkung ist sehr wichtig: ich habe nur wenig mehr Informationen über das Start-up Tollabox als der vorliegende Bericht. Ich kann also nur eine Analyse aus der Ferne abgeben. Dazu ist es natürlich sehr einfach sich später als Experte hinzustellen und zu sagen, was man hätte alles besser oder anders hätte machen können. Wie sagte schon Winston Churchill: »Ein Experte ist ein Mann, der hinterher genau sagen kann, warum seine Prognose nicht gestimmt hat.« Der Fall Tollabox ist aber sehr passend und er passt einfach sehr gut als Lehrbeispiel.

Nun aber zum (im wahrsten Sinne des Wortes) Fall Tollabox. Ich nehme dabei Bezug auf den Artikel »5 simple Gründe, warum Tollabox gescheitert ist« (Quelle: www.deutsche-Start-ups.de) sowie auf das Interview mit dem Mitbegründer Oliver Beste (Quelle: https://blog.seedmatch.de).

Tollabox: Das war eine monatlich erscheinende Box voll mit Materialien und Ideen zum Basteln, Experimentieren und die Welt entdecken für Vier- bis Zehnjährige. Jeden Monat widmete sich die Box einem neuen Thema, z. B. Superkind, Lieblingstiere, Klangfarben oder Drachen-Abenteuer.

Mit der Abo-Box konnten Kinder spielerisch lernen, selbst entdecken und herumexperimentieren – und auch Eltern haben schnell das große Potenzial dieser Box für die spielerische Förderung ihrer Kinder erkannt.

Abb. 9: Der Fall Tollabox

Wer war Zielgruppe der Tollabox? Nun, die Kinder waren es nicht. Sie können die Box erst einschätzen, wenn sie da ist. Tollabox konnte bei Kindern also keine Marke aufbauen, wie z. B. die Firma Mattel mit der Barbie-Puppe. Zielgruppe von Tollabox waren die Eltern. Und diese Zielgruppe hat Tollabox auch intensiv beworben.

Nun aber erst mal zum Artikel auf deutsche-start-up.de, den ich hier eins zu eins darstelle (Abruf 27.08.2020):

»Der Berliner Abobastelkiste Tollabox ist insolvent und ringt somit um seine Zukunft. In einem sehr lesenswerten Interview bei Seedmatch nennt Mitgründer Oliver Beste einige Details zur Pleite und etliche Gründe, warum Tollabox, das allein über Seedmatch stolze 600.000 Euro eingesammelt hat, gescheitert ist. Wie bereits bekannt war, scheiterte bei Tollabox, das zuletzt 3.500 Abonnenten hatte, eine Finanzierungsrunde. 1,1 Millionen Euro wollten Beste und Co. einsammeln. »Doch mit mehreren VCs haben wir uns nicht auf Konditionen einigen können«, sagt Beste nun etwas frustriert.

Fünf Gründe, warum Tollabox gescheitert ist:

1. **Geldmangel**: Das Start-up machte 2014 eine halbe Million Euro Verlust, bei rund 600.000 Euro Umsatz. Tollabox brauchte somit dringend frisches Geld. Wie viele andere Start-ups stand Tollabox somit bei der Finanzierungsrunde fast schon mit

dem Rücken zur Wand, was es nicht einfacher macht, den Investoren Geld zu entlocken, die selbstverständlich um die Situation des Start-ups wissen. Beste spricht in diesem Zusammenhang von »kompromisslosen Positionen«.

2. **Mangelnde Härte**: Offenbar haben Beste und Co. es ihren Investoren zu leicht gemacht. »Den Risikokapitalgebern gegenüber hätten wir früher härter auftreten müssen, dann hätten wir mehr Zeit für die Lösung der Streitpunkte der letzten Wochen gehabt«, sagt Beste.
3. **Abodauer**: Die Kunden von Tollabox blieben einfach nicht lange genug an Bord. »11 Monate wären erforderlich gewesen, um Mitte 2017 mit 20.000 Abonnenten Breakeven zu gehen. Die Abodauer ließ sich jedoch einfach nicht ausreichend steigern«, berichtet Beste. Die Tollabox-Nutzer blieben aber nur 7,5 Monate an Bord.
4. **Falscher Fokus**: Das Tollabox-Team konzentrierte sich operativ zu stark auf die Kostensenkung bei der Abonnentengewinnung und zu wenig auf die Verlängerung der Abodauer bei den bestehenden Abonnenten. »Wir dachten, wenn wir bessere Kunden zum Beispiel über TV kriegen, dann ist das Problem gelöst. War es jedoch nicht«, fasst Beste zusammen.
5. **Produkt**: Wie es scheint waren viele Kunden mit dem Produkt Tollabox zufrieden, wollten aber trotzdem nicht dauerhaft dafür zahlen. Selten hieß es bei den Kündigungen ›Tollabox gefällt nicht‹ oder ›Wir Eltern haben keine Zeit‹, berichtet Beste. »Weil der Mangel an Zeit ungern zugegeben wird, glauben wir inzwischen, dass die Eltern nicht mit dem Spielen hinterhergekommen sind. In persönlichen Interviews erfuhren wir von vielen, dass sich ungespielte Tollaboxen zu Hause stapelten wie ein Mahnmal mit der Botschaft: ›Wir spielen nicht genug mit unserem Kind!‹ War das Produkt etwa zu komplex für den schnellen Spielspaß?

Die Analyse

Analysieren wir die fünf Gründe, die Oliver Beste für das Scheitern angibt.

Geldmangel (Punkt eins) ist leider ein typisches Problem von jungen Unternehmen. Und wenn die Zahlen nicht stimmen, dann stellen Investoren auch kein neues Geld zur Verfügung.

Unter Punkt zwei spricht der (ehemalige) Geschäftsführer von Tollabox die mangelnde Härte gegenüber den Investoren an. Da ich die Situation nicht im Detail kenne, möchte ich das auch nicht kommentieren. Da ich selbst in Start-ups investiere, kann ich Gründern nur den Tipp geben, rechtzeitig auf die Suche nach neuen Investoren zu gehen.

Aber Punkt drei zeigt schon mal ein erstes Problem auf. Die Abodauer betrug im Schnitt nur 7,5 Monate, elf Monate wären erforderlich gewesen. Hier seht ihr bereits, wie wichtig Kennzahlen sind. Auf diese Kennzahl hätte Tollabox wie folgt reagieren können:

Es reduziert die Kosten für die Kundenakquise. Das bedeutet, neue Kunden werden zu niedrigeren Kosten akquiriert. Aus den elf Monaten bei Tollabox wären also im Idealfall 7,5 Monate zum Erreichen des Break-even geworden. Die Reduzierung der Kosten hat Tollabox versucht, leider ohne Erfolg.

Die zweite Maßnahme wäre die Verlängerung der Abodauer gewesen. Auf den ersten Blick wirken 7,5 Monate auch etwas kurz. Hier hatte Tollabox aber anscheinend keine Idee.

Oliver Beste nennt als vierten Punkt den falschen Fokus. Die Gründer mussten entscheiden, ob sie die Reduzierung der Kosten pro Abonnent oder die Verlängerung der Abodauer vorantreiben wollen. Anscheinend war die Senkung der Akquisitionskosten nicht erfolgreich.

Punkt fünf der Gründe des Scheiterns, das Produkt, ist vielleicht aufschlussreicher. Beste und seine Kollegen haben eine Analyse durchgeführt. Was waren die Gründe für die Kündigung? Die Qualität der Boxen und der Preis (pro Box und Monat zwischen 20,90 und 25,90 Euro) waren es nicht. Und hier zeigt sich nun, wie wichtig es ist, die richtigen Fragen zu stellen und nachzuhaken.

Wie bereits oben zu lesen: »In persönlichen Interviews erfuhren wir von vielen, dass sich ungespielte Tollaboxen zu Hause stapelten wie ein Mahnmal mit der Botschaft: ›Wir spielen nicht genug mit unserem Kind!‹« Das Spielen mit einer Tollabox, Kind plus ein Elternteil, benötigt nun einmal Zeit. Anscheinend ein Problem in der heutigen, schnelllebigen Welt. Und das war auch der Grund für die Kündigungen und die relativ kurze Abodauer. Doch was sollte Tollabox dagegen tun? Die Spieldauer einer Box verringern? Damit wäre die Qualität der Box gesunken. Vielleicht gäbe es aber auch eine andere, spannende Zielgruppe, z. B. die Großeltern?

Schauen wir uns doch diese Zielgruppe in Bezug auf Tollabox einmal genauer an:

- Großeltern verfügen heute über ein höheres Einkommen als noch vor einigen Jahren.
- Der Preis dürfte nicht abschrecken.
- Großeltern haben mehr Zeit und würden diese gerne mit den Enkeln verbringen.
- Selbst wenn sich mehrere Boxen bei Oma und Opa stapeln, wird nicht so schnell gekündigt.
- Die Bindung zwischen Großeltern und Enkelkindern wird größer, wenn zusammen etwas erreicht, sprich gebastelt, wird.
- Eltern habe ein gutes Gefühl, wenn sie die Kinder zum Spielen bei den Großeltern abgeben.
- Gleichzeitig haben Eltern mehr Zeit für sich.
- Die Enkelkinder freuen sich auf den Besuch bei Oma und Opa. Dort wartet eine Überraschung auf sie.

Also eigentlich eine Vielzahl von Gründen, die für das Ausrichten auf eine neue Zielgruppe für Tollabox interessant gewesen wäre. Einen Versuch wäre es allemal wert gewesen. Dieses Beispiel soll aufzeigen, dass sich Unternehmen laufend mit der Zielgruppe beschäftigen sollen und müssen. Manchmal sind die richtigen Kunden so nah, aber sie werden nicht erkannt oder gesehen.

8.2 Die Zielgruppenbesitzer

Wer allein arbeitet, addiert – wer zusammenarbeitet, multipliziert!

In Kapitel 8.1 haben wir die Zielgruppe herausgefiltert. Das Problem vieler Start-ups ist aber, die Zielgruppe auch zu erreichen. Denn Marketing und Vertrieb sind einfach teuer. Aus diesem Grund sollte sich jedes junge Unternehmen mit folgenden Themen auseinandersetzen.

8.2.1 Wer besitzt meine Zielgruppe?

Was meine ich mit dieser Frage? Es geht darum: Wenn ich ein Unternehmen finde, das die gleiche Zielgruppe wie ich hat und wir nicht miteinander konkurrieren: Aus welchem Grund sollten wir denn nicht zusammenarbeiten? Denn, auf den Punkt gebracht, das spart Geld und Zeit. Für den Marketingexperten Steffen Adler lautet die Zauberformel, wie man automatisch viele neue Kunden gewinnt: »Finde die richtigen Kooperationspartner.« Und für den Marketingspezialisten Christian Görtz ist eine Marketingkooperation die günstigste und schnellste Strategie, um neue Kunden zu gewinnen.

Ein Beispiel aus meiner Praxis: Ortungsprodukt für Demenzerkrankte
Ein Unternehmen stellte fest, dass Menschen mit Demenz in der ersten Phase der Krankheit oft noch zu Hause wohnen. Für die Angehörigen aber ein Problem. Wo ist der Demenzkranke gerade? In der Küche, beim Nachbarn, Einkaufen oder hat er sich eventuell verlaufen? Das Unternehmen entwickelte also ein System, bei dem der Demenzpatient ein kleines Gerät in Form eines Armbands erhält. Die Angehörigen können sich ein Programm auf das Smartphone laden und so den Aufenthaltsort des Trägers feststellen, in der Wohnung (nach Installation weiterer Geräte) und auch außerhalb. Das Produkt hatte also ein Alleinstellungsmerkmal, auf das ich in diesem Artikel aber nicht weiter eingehen werde. Für die Angehörigen ein beruhigendes System. Der Markt allein in Deutschland: 1,5 Millionen Menschen mit leider steigender Tendenz sind demenzkrank.

Nun die Frage, die ich mit dem Start-up beantworten musste: Wer ist die Zielgruppe? Nicht etwa die Demenzkranken, denn diese waren letztlich nur die Anwender. Ganz klar: die Angehörigen. Aber wie sollte man diese Zielgruppe bewerben? Automatisch kamen wir zur nächsten Frage: Wer besitzt meine Zielgruppe? Mit wem kann ich also kooperieren, sodass beide Seiten davon profitieren?

Möglichkeit 1: In Deutschland gibt es ca. zwölf Anbieter von Hausnotrufsystemen. Diese Anbieter kennen den Markt ziemlich genau und haben oftmals Zugang zu den Angehörigen. Diese Dienstleister könnten das Produkt durchaus mit anbieten und dadurch weitere Umsätze durch Vermittlungsprovisionen erzielen.

Möglichkeit 2: In Deutschland gibt es weiterhin über 12.000 Pflegedienste, die eine Betreuung vor Ort vornehmen. Diese haben einen sehr engen Kontakt zu den Betreuenden (oft täglich oder mehrmals in der Woche). Dazu kommt ein hohes Vertrauen der Angehörigen zu den Mitarbeitern des Pflegedienstes. Auch hier besteht die Möglichkeit, dass Pflegedienste das Produkt auf Provisionsbasis mit anbieten. Vorteil für den Pflegedienst: Einmal geworben erhält man jeden Monat eine Provision. Und solange die Angehörigen den Demenzkranken »unter Kontrolle« haben, kann dieser auch weiter in seinem häuslichen Umfeld leben. Der Einzug ins Pflegeheim erfolgt damit wesentlich später und dem Pflegedienst bleibt der Kunde länger erhalten.

Möglichkeit 3: Angehörige von Demenzkranken leiden oft unter dieser Krankheit. Da tut es gut, mit ebenfalls Betroffenen über seine Probleme zu sprechen. Bei den Recherchen für unsere Zielgruppenbesitzer konnten wir eine große Anzahl von Selbsthilfegruppen von Angehörigen demenzkranker Personen feststellen. Hier bieten sich Vorträge und Infoveranstaltungen an. Gegen eine Spende in die Vereinskasse dieser Selbsthilfegruppen erreicht man an einem Vortragsabend eine Vielzahl potenzieller Kunden persönlich.

Ein weiteres Beispiel: Local-Commerce-Plattform

Ein Start-up mit einem System für den lokalen Einzelhandel wollte den Vertrieb aufbauen. Ziel war es, dem Einzelhandel eine alternative Plattform (Local Commerce) zu Amazon, Zalando & Co. zur Verfügung zu stellen. Zielgruppe war damit also erst einmal der komplette Einzelhandel. Also schon ein größeres Projekt. Aber jeden Einzelhändler zu besuchen? Okay, Zielgruppe ist klar. Aber wer besitzt die Zielgruppe? Wer hat einen guten Kontakt zum lokalen Einzelhändler? Und wer hat etwas von einer Kooperation? Und vor allem: Für wen ist diese neue Plattform keine Konkurrenz? Nicht einfach, aber lösbar. Für welchen Zielgruppenbesitzer konnten alle Fragen schließlich positiv beantwortet werden? Für Tageszeitungsverlage! Diese haben seit Jahren (oft seit Jahrzehnten) einen guten Kontakt zum Einzelhandel vor Ort, müssen eine neue Lösung für ihre Kunden finden und haben oft selbst das Problem, dass immer mehr

Einzelhändler verschwinden. Und siehe da: Die Verlage waren dem Vorschlag einer Kooperation gegenüber sehr aufgeschlossen.

Welche Kriterien gilt es bei der Auswahl eines geeigneten Zielgruppenbesitzers zu beachten?

Das Entscheidende: Eure Zielgruppen überschneiden sich und eure Produkte oder Dienstleistungen ergänzen sich. Um den passenden Partner zu finden, müsst ihr euch also überlegen, wer die gleiche Zielgruppe bedient, ohne ein direkter Konkurrent zu sein.

Stellt euch folgende Fragen:

- Was kauft eure Zielgruppe noch?
- Bei wem kauft eure Zielgruppe noch?
- Wo kauft eure Zielgruppe ein?
- Versucht auch, die Kaufprozesse nachzuvollziehen: Was kauft euer Kunde vor, während und nach dem Kauf bei euch ein? Hier sind auch die Lebenssituation und das Interesse der Kunden von Bedeutung.

In jeder Phase des Kaufprozesses gibt es zahlreiche Chancen, auf interessante Kooperationspartner zu stoßen. Vielleicht habt ihr schon einige mögliche Zielgruppenbesitzer im Auge, mit denen ihr euch eine Zusammenarbeit vorstellen könntet. Dabei gilt es, einige Unsicherheitsfaktoren zu beachten.

Folgende Fragen helfen:

- Wie stellt sich das Unternehmen dar?
- Um welche Dimensionen geht es, wie groß ist der entsprechende Markt?
- Und nicht zu vernachlässigen: Ist euch das Unternehmen und das Angebot sympathisch? Wie ist die Unternehmenskultur, wie das öffentliche Image des Unternehmens?
- Arbeitet das Unternehmen bereits erfolgreich mit anderen Partnern zusammen? Das spricht für einen professionellen Umgang mit Kooperationen.
- Brennt der neue Partner auf eine Zusammenarbeit, weil er ein großes Potenzial sieht?

Je nachdem, wie gut ihr den Partner bereits kennt, minimieren sich diese Unsicherheitsfaktoren. Für einen raschen Kooperationserfolg sind bereits bekannte Partner eine gute Wahl. In jedem Fall empfehle ich euch einen Probelauf für die künftige Zusammenarbeit, denn in diesem Rahmen werden mögliche Unstimmigkeiten deutlich und können geklärt werden. Falls das scheitert, könnt ihr die Kooperation ohne große Verluste beenden. Die Spielarten der Kooperationsmöglichkeiten sind in jedem Fall vielfältig.

Beispiele für Kooperationen

Ich habe bewusst nur Beispiele von Kooperationen aufgeführt, an denen Start-ups beteiligt sind oder die euch als Gründer als Beispiel dienen können.

- Hygieneartikel: Burda, deutsches Medienhaus mit 600 Medienprodukten und das Tampon-Start-up The Female Company
- Smarthome: die GBG Wohnungsbaugesellschaft und das Start-up Metr, um im Bereich Smarthome ganz vorne mitzuspielen
- Versicherungen: die Intec AG und ELEMENT, um den Gebrauchtwagenmarkt abzusichern
- Energie: das Start-up SOLARIMO und die Berliner Bau- und Wohnungsgenossenschaft von 1892 eG, um vom Trend Mieterstrom zu profitieren
- Finanzierung: Elektroartikel mieten durch die Kooperation von MediaMarkt und dem Start-up Grover
- Pflege: der Malteser Hilfsdienst und Pflegix für neue Möglichkeiten, alte Menschen bedarfsgerecht zu unterstützen
- Überwachung: Vattenfall und das Berliner Start-up Industrial Analytics für eine Lösung zur Überwachung von Turbomaschinen
- Plattform: das Start-up Kinderheldin und DM für eine Marketing-Partnerschaft im lokalen Einzelhandel
- Küche: die Gütersloher Traditionsmarke Miele und das Berliner Start-up Kitchen Stories, damit Kunden nicht mehr nur auf ihre Hausgeräte mobil zugreifen, sondern auch auf Rezepte und hochwertige Zubereitungsvideos

8.2.2 Die Ziele einer Kooperation

Folgende Ziele kann ein Start-up durch die Kooperation erreichen:

- Neukundenakquise
- Reduzierung der Marketingkosten
- Aufwertung des Images durch den Besitzer der Zielgruppe
- stärkere Kundenbindung

Kooperationen beginnen beim gegenseitigen Auslegen eines Prospektes und enden bei einer gemeinsamen Produktentwicklung. Die Bandbreite ist riesengroß und ihr könnt selbst entscheiden, was ihr an Zeit, Geld und Initiative investieren möchtet. Kooperationen können einmalig oder langfristig sein, kurz oder detailliert vertraglich festgehalten werden, als kostenloses Tauschgeschäft oder gegen Provisionen und Gewinnbeteiligungen realisiert werden.

Aber das Thema sollte man geplant angehen. Aus diesem Grund empfehle ich folgende Vorgehensweise:

1. Ziel und Form der Kooperation festlegen
2. Kooperationspartner ausfindig machen
3. Vorteilsideen entwickeln
4. Kooperation testen
5. Controlling/Optimierung durchführen

8.2.3 Der Weg zur erfolgreichen Kooperation

Legt das Ziel und die Form der Kooperation fest
Bevor ihr mit der Suche nach geeigneten Kooperationspartnern startet, sollte das Gründerteam festlegen, was es sich von der Kooperation wünscht. Das ist wichtig, denn das Vorgehen beim Aufbau einer Kooperation ist abhängig vom jeweiligen Ziel.

Beispiele für gemeinsame Ziele:

Die Gewinnung von Kunden: Vertriebspartnerschaften werden für die gezielte Akquise eingesetzt und verstärken die Vertriebspower eines oder beider Kooperationspartner.

Die Steigerung der Empfehlungsquote bzw. der Zahl der Empfehlungen: Bei Empfehlungspartnerschaften geht es um die einseitige oder gegenseitige Empfehlung der Leistungen des Kooperationspartners.

Die Entwicklung und Vermarktung eines Gemeinschaftsangebots: Gemeinsame Angebote schaffen neue Produkte, die einen Mehrwert für die gemeinsame Zielgruppe bieten und deren Nutzen keiner der Partner allein bieten kann.

Die Steigerung der Bekanntheit eines Angebotes: Marketingkooperationen vergrößern die Reichweite eines oder beider Kooperationspartner, indem sie die Bekanntheit erhöhen. Dies kann sowohl für die Steigerung des Marktanteils genutzt werden als auch für die Eroberung neuer Zielgruppen.

> **Merke!** !
> Mit einem klaren Fokus werdet ihr schneller und leichter eine stabile Kooperation aufbauen. Also nur auf ein Ziel konzentrieren!

Findet und überzeugt den idealen Kooperationspartner
Jetzt geht raus und macht euch auf die Suche nach dem passenden Kooperationspartner. Jedes Unternehmen, das Kontakt zu eurer Zielgruppe hat, ist ein potenzieller Partner. Ein Tipp: Der perfekte Kooperationspartner genießt das uneingeschränkte

Vertrauen seiner Kunden, sprich: eurer Zielgruppe. Je größer der Vertrauensvorschuss ist, desto größer ist der Erfolg der Kooperation. Fragt euch also, wer das Vertrauen eurer Zielgruppe besitzt. Wer ist anerkannter Experte im Zielmarkt oder wer ist Meinungsführer? Und fragt auch eure Kunden, wem sie uneingeschränkt vertrauen.

Vorteilsideen entwickeln

Jetzt müsst ihr den potenziellen Kooperationspartner überzeugen. Aber wie? Meistens bekomme ich dann zu hören: mit Provisionen. Leider klappt das nicht immer. Und warum? Weil euer Kooperationspartner mit seiner Empfehlung das Vertrauensverhältnis zu seinen Kunden aufs Spiel setzt. Da reicht der Faktor Provisionen, sprich Geld, nicht unbedingt. Um ihn zu überzeugen, müsst ihr ihm also schon mehr bieten.

Und wie könnt ihr ihn überzeugen? Die Lösung eines dringenden Problems ist die beste Gegenleistung für eine Kooperation. Überlegt also, welches dringende Problem eures Wunschpartners ihr lösen könnt. Fragt nach und recherchiert. Sammelt alle Probleme, die euch auffallen. Analysiert die Ursache der Probleme. Häufig erkennt ihr dann, was ihr tun könnt, um eurem Wunschpartner eine wertvolle Gegenleistung für dessen Empfehlung zu bieten.

Ein Beispiel: Ich berate Start-ups mit Problemen im Vertrieb. Also junge Unternehmen, die schon einige Wochen und Monate auf dem Markt sind und dann am Vertrieb zu scheitern drohen. Meine Zielgruppe ist somit klar. Aber wer besitzt sie? Antwort: die Gründerzentren. Von denen gibt es übrigens fast 500 in Deutschland, teilweise mit speziellen Ausprägungen. Den Zielgruppenbesitzer habe ich also auch erkannt. Aber welches Problem haben die Gründerzentren? Recherchen ergaben relativ schnell: die Auslastung, also die Vermietung ihrer Flächen. Ziel muss es also für ein Gründerzentrum sein, dass sich möglichst viele potenzielle Gründer solch ein Center ansehen. Somit war die Idee zur Kooperation sehr schnell da. Ich habe den Geschäftsführern der Gründerzentren angeboten, kostenlos einen Vortrag zum Thema Vertriebswahrheiten für Start-ups in ihren Räumen zu halten. Im Gegenzug sollten sie ihre Mieter einladen (Kundenbindung) sowie Werbung für den Vortrag schalten (Neukundenakquise). Und siehe da, die Gründerzentren haben den Vorschlag gerne angenommen und von der Kooperation, ebenso wie ich, profitiert. Bevor ihr euren potenziellen Kooperationspartner nun kontaktiert, solltet ihr das Vorhaben kurz und überzeugend präsentieren können. Sagt ihm, dass ihr ein Konzept für eine Kooperation habt, von der beide Seiten profitieren werden. Vereinbart einen Gesprächstermin, um das Konzept vorzustellen. Und keine Angst. Stellt euch einfach vor, euch bietet jemand eine Kooperation an. Sicher würdet ihr nicht sofort ablehnen, sondern euch das Konzept zumindest anhören. Wenn euer Wunschpartner auf euren Vorschlag anspringt, solltet ihr konkret werden. Verzichtet zu Beginn auf lange Kooperationsvereinbarungen. Konzentriert euch stattdessen auf die Umsetzung. Erfolgreiche Kooperationen schafft man nicht auf dem Papier, sondern in der Praxis. Werdet aktiv und realisiert das Startprojekt möglichst zeitnah. Erst dadurch zeigt sich, ob die gewünschte Wirkung der Kooperation tatsächlich eintritt und ob beide Partner sich aktiv einbringen. Darüber hinaus sorgt das erste gemeinsame Projekt immer für Klarheit: Entweder war es die letzte Zusammenarbeit oder der Beginn einer dauerhaften Kooperation.

Controlling/Optimierung
Ein gemeinsames Kooperationsprojekt kann für beide Seiten einen großen Mehrwert schaffen. Dauerhafter Erfolg entsteht aber nur durch eine stabile, anhaltende Zusammenarbeit. Nur wenige Kooperationen halten lange, da immer unterschiedliche Interessen vereinigt werden müssen. Lasst euch also nicht entmutigen, wenn eine Kooperation nicht ewig hält. Arbeitet kontinuierlich daran, langfristige Kooperationen zu etablieren.

Und zum Schluss: Gebt eurem Kooperationspartner immer ein Feedback und prüft, ob die gemeinsamen Ziele erreicht werden. Unausgesprochene Erwartungen sind der Tod jeder Zusammenarbeit. Festigt die Kooperation durch regelmäßiges Feedback, macht die Ergebnisse messbar und überprüft diese regelmäßig. Der wichtigste Indikator dafür ist immer die Reaktion eurer Zielgruppe, also der Kunden. Sind sie von den Ergebnissen der Kooperation begeistert, habt ihr alles richtig gemacht.

Fazit !

Richtig aufgezogen sind Kooperationen sehr effektive Marketing- und Vertriebsmaßnahmen, um schneller an neue Kunden zu kommen.

8.3 Buyer Personas

Was ist eine Buyer Persona?
Zuerst einmal der Begriff *Persona*. Er kommt aus dem antiken Schauspiel und bedeutet Schauspielermaske. Damals waren die Charaktere der einzelnen Rollen auf der Bühne sehr klar und eindeutig beschrieben. Zur Verdeutlichung hatten die Schauspieler Masken an. Damit waren klar erkennbare Bilder erzeugt. Dies ist der Grund für die Bezeichnung *Buyer Persona*.

Vereinfacht gesagt ist eine Buyer Persona eigentlich ein Musterkunde, und damit ein Mittel, um den Kunden besser zu verstehen. Mit der Buyer Persona kann ein Unternehmen seine eher abstrakte Zielgruppenbeschreibung bildhaft und konkret darstellen. Eine Buyer Persona hat einen Namen, ein Alter, Geschlecht, Beruf (oder auch nicht), Hobbies etc.

Brauche ich eine Persona oder mehrere?

Das ist eine Frage, die mir Unternehmen immer wieder stellen. Im Normalfall benötigt ihr mehrere Personas. Nehmen wir an, ihr gründet ein FinTech-Start-up, also ein Unternehmen im Bereich der Finanzdienstleistungen. Und angenommen ihr bietet durch eine neue Technologie Bausparverträge an. Wie könnten eure Personas nun aussehen?

- Jennifer, 25 Jahre, gerade ein paar Jahre im Job, möchte sich etwas ansparen. Ziel ist eine größere Anschaffung in ein paar Jahren. Aber eine genaue Planung hat sie noch nicht.
- Nico, 38 Jahre, und Jessica, 37 Jahre, sind verheiratet und haben ein Kind. Vor Kurzem haben sie ein Haus von Nicos Eltern geerbt. Beide wünschen sich ein zweites Kind. Solange die Kinder noch klein sind, passt das Haus. In zehn Jahren wollen die beiden aber den Dachstuhl ausbauen und die Wohnfläche vergrößern.
- Heinz und Hermine, beide 65 Jahre, sind seit 42 Jahren verheiratet und stolze Großeltern des inzwischen zweijährigen Leon. Sie wollen Geld anlegen für ihren Enkel. Damit soll eine Ausbildung oder vielleicht ein Studium finanziert werden.

Ihr seht also: ein Produkt, ein simpler Bausparvertrag, und trotzdem verschiedene Personas. Dabei müssen Heinz und Hermine ganz sicher anders angesprochen werden als die 25-jährige Jennifer.

Beispiel eines Software-Start-ups: Die Firma ist ein Anbieter für Weiterbildungen in der Ultraschalldiagnostik. Das Unternehmen will die Ausbildung von Medizinstudenten und Ärzten in dem Bereich verbessern, und das weltweit. Die Technik ist immer auf dem neusten Stand, die Datenbank ist die größte auf dem Markt und ihre besondere Stärke ist das komplette Spektrum aller möglichen pathologischen Befunde.

Die Gründer haben mehrere Personas herausgearbeitet. Noch einmal der Hinweis: Es handelt sich dabei um fiktive Personen, die dabei helfen sollen, die Kunden besser zu verstehen.

Zur Veranschaulichung hier zwei dieser Personas, die den Kunden Gesichter geben.

Dr. Heinz Schneider, 59
Chefarzt Innere Abteilung,
Marienhausklinik Paderborn

Beruflicher Werdegang

Studium in Tübingen
Promotion in Tübingen:
»Die sonographische Erfassung der gesunden und der degenerativ veränderten Sehne des M. tibialis posterior«

BERUFSTÄTIGKEIT

Assistenzarzt Klinikum Bremen
Funktionsoberarzt Med. Klinik Ratingen
Oberarzt Med. Klinik Hannover
Leitender Oberarzt
Med. Klinik Hannover
Chefarzt Med. Klinik HSK Göttingen

PUBLIKATIONEN

10 Originalarbeiten, 5 Buchbeiträge

VORTRÄGE

> 150 auf Kongressen, Kursen

GUTACHTER

CT in der Medizin
Beitrag CT-Kongreß (3-Ländertreffen)

Private Verhältnisse

- Arzt aus Leidenschaft
- verheiratet mit Monika, 46
- 1 Tochter, 21, studiert Medizin
- wohnhaft in einem Einfamilienhaus in einem Paderborner Vorort

Hobbies

- Reisen, Golf, Tennis
- 2. Vorsitzender im Lions-Club Paderborn

Einwände

- kommt er selbst mit der Technik zurecht oder benötigt er die Hilfe junger Kollegen?
- hält das System was es verspricht?

Preis/Zahlungsbereitschaft

- nicht preissensibel, da er das Budget nicht verantwortet
- wenn die Leistung überzeugt, „drückt" er die Lösung bei der Leitung durch

Ideale Lösung

- einfache Technik: System anmachen und loslegen
- große, wachsende Datenbank
- benötigt Sicherheit, da er das System vor der Klinikleitung verantworten muss
- guter Support, keine Bugs
- persönliches Angebot
- überzeugender USP

Wünsche, Ziele

- guter Support
- möchte die Ausbildung seiner Ärzte verbessern
- will als innovativer Chef wahrgenommen werden

Abb. 10: Buyer Persona – Beispiel 1

Jessica P. Weiler, 44
Kaufmännische Leiterin
Marienhausklinik Paderborn

Beruflicher Werdegang

STUDIUM
Betriebswirtschaftslehre in Mainz, Schwerpunkte:
- Wirtschaftsinformatik
- Controlling

Diplomarbeit am Wirtschaftsinformatik-Lehrstuhl über die *„Digitalisierung in Krankenhäusern, Chancen und Herausforderungen"*

BERUFSTÄTIGKEIT
Kfm. Angestellte Med. Klinik Koblenz
Stellv. Kaufm. Leiterin Med. Klinik Bielefeld
Kaufm. Leiterin Med. Klinik Bielefeld

SCHWERPUNKT DER TÄTIGKEITEN
- Kostenstellenrechnung
- Controlling
- Kaufmännisches Berichtswesen
- Strategische Entwicklung
- Personalentwicklung
- Wirtschaftliche Führung

Private Verhältnisse
- nicht verheiratet, lebt zusammen mit Jürgen Faure, 45, Bauingenieur, keine Kinder, Umzug nach Paderborn der Liebe wegen
- wohnhaft in einem Altbau aus dem 18. Jahrhundert in der Altstadt von Paderborn

Hobbies
- Reisen, Joggen, Lesen, Kochen, Essen, Theater
- Aktiv bei der Katzenhilfe Paderborn

Ängste
- Das die Lösung nicht eingesetzt wird
- Wie kann man den Nutzen berechnen?
- Was sagt der Verwaltungsrat?

Preis/Zahlungsbereitschaft
- achtet extrem auf die Kosten, da Budget begrenzt
- Vorsicht bei Folgekosten

Ideale Lösung
- einfache Technik: System anmachen und loslegen
- platzsparend
- gutes Preis-Leistungsverhältnis

Erwartungen
- spart Kosten, da Ärzte nicht an teuren Weiterbildungsveranstaltungen teilnehmen müssen
- Klinik wird attraktiver für junge Ärzte
- möchte Wünsche des Chefarztes erfüllen, falls bezahlbar

Abb. 11: Buyer Persona – Beispiel 2

Den Chefarzt Dr. Heinz Schneider muss das Unternehmen ganz anders ansprechen als die kaufmännische Leiterin Jessica Weiler. Beide sind aber in den Entscheidungsprozess, die Software im Krankenhaus anzuschaffen, involviert.

Wenn ihr nun über euer Produkt oder eure Lösung sprecht, dann stellt euch die Fragen: Auf welchem Vertriebskanal können wir Jessica Weiler erreichen? Und erreichen wir Dr. Schneider auf der Messe MEDICA oder doch besser über einen Fachartikel? Was wäre Frau Weiler bereit, für unser Produkt zu zahlen? Was benötigt sie noch? Welche Argumente benötigt Dr. Schneider, damit er seine kaufmännische Leiterin Frau Weiler überzeugt? Und welche Argumente benötigt sie, um wiederum den Verwaltungsrat zu einem Ja zu bringen?

Ich empfehle meinen Unternehmen immer, sich Schaufensterpuppen zu besorgen. Zieht diese an wie die Personas, in diesem Fall wie Frau Weiler und Herrn Dr. Schneider, und stellt sie in den Besprechungsraum. Achtet auch auf Details wie Perücke, Brille usw. Könnt ihr keine Schaufensterpuppe besorgen, dann erstellt ein Roll-up der Persona(s) und stellt sie sichtbar für jeden Mitarbeiter auf.

Sind keine Schaufensterpuppe und kein Roll-up zu ergattern? Dann druckt euch die Personas (ideal A0 oder A1) aus und hängt sie an die Wand. Idealerweise so, dass die Mitarbeiter jeden Tag mehrmals daran vorbeilaufen. Denn auch die Personas gehören ab sofort zum Team.

8.4 Kundentypen

> Viele Unternehmen sind noch immer viel zu stark allein auf die Produkte ausgerichtet – und denken nicht vom Kunden her.

Zuerst einmal möchte ich einige oftmals geäußerte Meinungen widerlegen. Ich spreche jetzt nur von dem Produkt oder der Dienstleistung des Start-ups. Viele Gründer sind der festen Überzeugung, dass die Kunden

- den Markt/die Produkte genau kennen,
- alle Anbieter mit allen Vorzügen und Nachteilen kennen,
- alle Preise der Anbieter kennen und vor allem
- alle Vorzüge und Nachteile eures Produkts oder eurer Dienstleistung kennen.

Das ist aber falsch. Aber wieso denken Gründer so? Die Antwort ist relativ einfach. Gründer beschäftigen sich 24/7 mit ihrer Lösung bzw. ihrem Produkt. Das machen eure Kunden logischerweise nicht. Für eine komplette Marktübersicht fehlt ganz einfach die Zeit. Vielleicht ist es eine Anschaffung oder Investition, die nur einmal alle drei Jahre vorgenommen wird. Oder die Anschaffung hat im Unternehmen nicht so eine große Bedeutung. Und der Entscheider hat wahrscheinlich noch viele andere Aufgaben auf seinem Schreibtisch. Ich habe selbst schon festgestellt, dass Kunden mir im Verkaufsgespräch gesagt haben: »Super, Herr Wächter, endlich gibt es die Lösung. Darauf habe ich schon lange gewartet.« Schön für mich, allerdings gab es bereits fünf Mitbewerber und die waren alle schon länger auf dem Markt als das Start-up, für das ich den Vertrieb aufgebaut habe. Oft stehen die Kunden unter Zeitdruck und es wird keine richtige Marktrecherche durchgeführt. Und um die Stärken und Schwächen von Produkten und Dienstleistungen festzustellen, ist viel Zeit nötig.

Welchen Kunden haben wir im Kopf? Vielleicht denken wir an Mr. Spock aus der Fernsehserie Star Treck. Mr. Spock, Halb-Vulkanier (deren Gesellschaft rein auf Logik beruht und die ihre Gefühle unterdrücken), reagiert stets logisch und besonnen. Das ist aber nicht die Realität.

Das genaue Gegenstück ist Homer J. Simpson aus der Fernsehserie Die Simpsons. Homer ist ein fauler Couch-Potato, infantil und vergnügungssüchtig, dazu besitzt er nur eine geringe Aufmerksamkeitsspanne. Trotz allem ist Homer durchaus ein Sympathieträger. Homer kommt den Kunden in der Realität schon näher. Eine gewagte Behauptung?

Beispiel: Marmeladentest
Die Ökonomin und Psychologin Sheena Iyengar von der Columbia University in New York führte zusammen mit ihrem Kollegen Mark Lepper im Jahr 2000 in einem kalifornischen Supermarkt einen Test mit Marmeladensorten durch. An zwei Samstagen stellten sie Probiertische mit Marmelade auf, die die Kunden kaufen sollten. Auf einem Probiertisch waren 24 Sorten zur Auswahl, an dem anderen Tisch sechs.

Das Ergebnis: An dem Tisch mit den 24 Marmeladensorten probierten 60 Prozent der Kunden mindestens eine Sorte, an dem Tisch mit der kleineren Auswahl nur 40 Prozent der Kunden. Das war wahrscheinlich zu erwarten. Je größer die Auswahl, desto mehr Kunden probieren.

Die Überraschung: Am Tisch mit den 24 Marmeladensorten testeten 60 Prozent der Kunden, aber nur drei Prozent der Probetester kauften eine Marmelade. Ganz anders an dem Tisch mit den sechs Marmeladen: Hier probierten nur 40 Prozent der Kunden, aber 30 Prozent kauften anschließend.

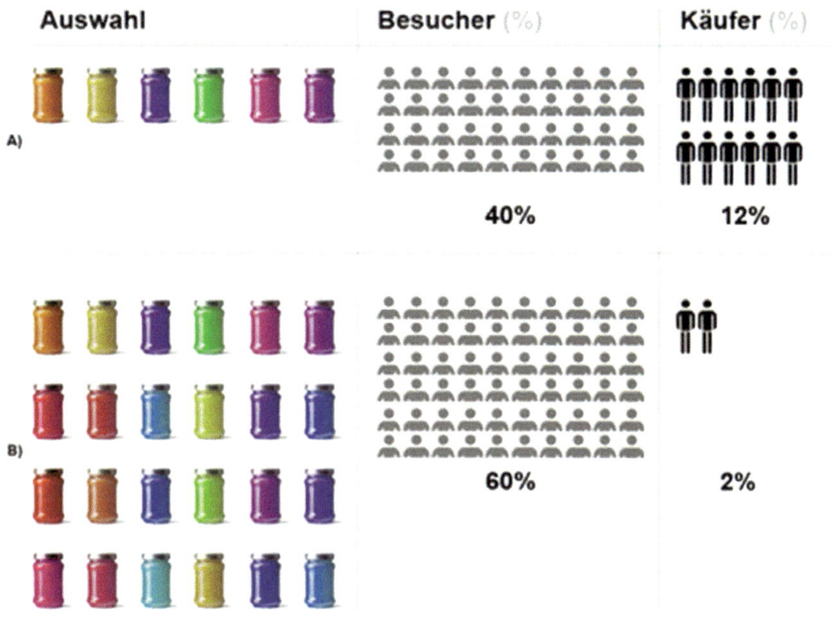

Abb. 12: Das Auswahlparadox (Quelle: https://www.konversionskraft.de/analysen/grosse-auswahl-geringe-conversion-paradox-of-choice-in-der-praxis.html)

Dies wird in der Wissenschaft als Auswahlparadox bezeichnet. Eine zu große Auswahl führt dazu, dass anstelle einer falschen lieber keine Entscheidung gefällt wird. Unterschiede bei einer großen Auswahl werden nicht mehr sichtbar. Kunden verzichten daher eher auf einen Kauf, als womöglich eine Fehlentscheidung zu treffen. Was lernen wir daraus?

Merke!

Zu viele Entscheidungsalternativen behindern die Entscheidungsfindung oder einfacher gesagt: Weniger ist mehr.

Aber welche Kundentypen gibt es nun?

Das Marktforschungs- und Beratungsinstitut Vocatus AG beschäftigt sich seit 2008 mit dem Thema Kundentypen. Und das Unternehmen hat herausgefunden, dass man auf Kundenseite eigentlich nur auf fünf verschiedene Entscheidertypen trifft. Im Gegensatz zu den Sinus-Milieus, die ich im nächsten Abschnitt behandeln werde, geht es dabei nicht um soziodemografische Eigenschaften. Bei der Unterscheidung geht es vielmehr um die Analyse der Kaufentscheidung. Das Überraschende daran ist, dass dieselbe Person je nach Situation und Produkt bzw. Markt und Marke oftmals unterschiedlich entscheidet. Es kann also sein, dass er oder sie mit dem Porsche zu Aldi fährt und das Billig-Shampoo und den Karton Wein im Angebot kauft und danach an der Tankstelle den Schokoriegel, ohne auch nur auf den Preis zu schauen.

Bei gleichen oder fast gleichen Bedingungen ist die Entscheidung der Kunden aber vorhersehbar. Und dies kann ein großer Vorteil für ein Unternehmen sein, denn dadurch wird es für die Abteilungen Marketing und Vertrieb leichter.

Die fünf Entscheidertypen sind für alle Länder, alle Branchen und auch für die Vertriebswege on- und offline anwendbar. Bevor ihr abwinkt und argumentiert, dass das nicht interessant für euch ist, da ihr nur Unternehmen als Kunden habt: In Unternehmen entscheiden Menschen und diese Menschen gehören alle zu einem dieser fünf Entscheidertypen.

Die fünf Entscheidertypen (GRIPS ®-Typologie von Vocatus)

1. der Schnäppchenjäger
2. der Verlustaversive
3. der Preisbereite
4. der Gewohnheitskäufer
5. der Gleichgültige

Abb. 13: GRIPS ®-Typologie von Vocatus: Die fünf Entscheidertypen (Quelle: https://growthup.de/grips-typen-online-marketing)

Sehen wir uns die Typen einmal genau an.

8.4.1 Der Schnäppchenjäger

Alles, wo Rabatt, Sonderangebot oder Aktion draufsteht, fällt in das Beuteschema des Schnäppchenjägers. Bei jedem Kauf will er etwas sparen.

Der Schnäppchenjäger
- verbringt viel Zeit mit dem Vergleichen der Preise,
- ist gut informiert und hat ein hohes Produktwissen,
- hält sich dank seiner Recherchen für schlauer als die anderen,
- gibt aufgrund seiner Recherchen anderen gerne eine Beratung,
- sieht in jedem Anbieter einen Gegner, mit dem er in den Preiskampf geht,
- kauft auch Dinge, die er nicht braucht, aber weil sie so günstig sind.

Wie könnt ihr den Schnäppchenjäger zu eurem Kunden machen?
- jede Art von Zusätzen, insbesondere Rabattaktionen
- Verknappungsstrategie (»Nur noch diese Woche«)
- Gutscheine
- Punktekonto (für den zehnten Einkauf gibt es Produkt XY kostenlos)
- laufend über Sonderangebote informieren
- den Vorteil des Angebotes in den Vordergrund stellen

In Unternehmen: Der Schnäppchenjäger ist typischerweise im Einkauf zu finden. Am liebsten würde er für jede Bestellung eine Ausschreibung durchführen.

8.4.2 Der Preisbereite

Für den Preisbereiten sind Qualität, Marke und Image des Produktes wichtig. Er hat im Normalfall ein festgelegtes Budget, allerdings lässt er sich mit guten Argumenten überzeugen und überschreitet auch sein Budget.

Der Preisbereite
- hat seine Vorstellung von einem angemessenen Preis,
- wird überzeugt durch Argumente wie Imagegewinn, Qualität und den Markenaspekt,
- interessiert an Innovationen,
- vergleicht Angebote, ist aber bereit für einen Mehrwert mehr zu zahlen,
- legt Wert auf kompetente Beratung.

Wie könnt ihr den Preisbereiten zu euren Kunden machen?
- Ansprache über Siegel, Zertifikate, Fakten und Qualitätsversprechen
- Herausheben des USP
- Mehrwert kommunizieren
- erstklassiger Service
- klares Branding/Markenimage

Im Unternehmen hat der Preisbereite die Rolle des erfahrenen Entscheiders inne, der weiß, auf welche Qualitätsmerkmale er achten muss.

8.4.3 Der Verlustaversive

Das Wort *Aversion* kommt aus dem lateinischen und bedeutet *Abneigung, Ablehnung.* Somit handelt es sich bei dem Verlustaversiven um jemanden, der Angst hat, etwas zu verlieren.

Der Verlustaversive
- ist gekennzeichnet durch sein achtsames und vorsichtiges Verhalten,
- hat keinen Spaß am Preisvergleich, da ihn dies bei seiner Entscheidung verunsichert,
- ist sehr misstrauisch, besonders gegenüber Lockangeboten und Schnäppchen,
- hat Angst vor Kleingedrucktem und Vertragsverlängerungen,
- hat Angst vor Fehlentscheidungen und fragt gerne andere um Rat (Schnäppchenjäger),
- liest die AGBs durch.

Wie könnt ihr den Verlustaversiven zu eurem Kunden machen?
- Transparenz, Garantien und durch das Image des Anbieters
- Siegel
- umfangreiche Bewertungen
- Referenzen anderer Unternehmen
- sichere Zahlungsmethoden
- wenig Text zu den Produkten und große Schrift (Angst vor dem Kleingedruckten)
- Vertrauen aufbauen
- Rücksendemöglichkeiten bei Produkten
- Testphasen (z. B. bei Software)

Im Unternehmen: Hier sind es eher die unerfahrenen und unsicheren Mitarbeiter. Sie entscheiden sich oft nach dem Motto: »Es ist noch keiner gefeuert worden, weil er bei IBM gekauft hat.«

Anmerkung: Der Verlustaversive ist für Start-ups sicherlich die größte Herausforderung, denn er sieht in der Zusammenarbeit mit einem jungen Unternehmen sehr viele Risiken.

8.4.4 Der Gewohnheitskäufer

Ihn kann man auch als Stammkunden bezeichnen. Hat er sich einmal für ein Produkt oder Unternehmen entschieden, bleibt er dabei.

Der Gewohnheitskäufer

- bevorzugt den Anbieter seines Vertrauens,
- vergleicht selten Preise, Angebote und Leistungen,
- legt Wert auf Kontinuität und Zuverlässigkeit,
- hat eine sehr große Markentreue,
- folgt dem Motto: »Qualität hat seinen Preis«.

Wie könnt ihr den Gewohnheitskäufer zu eurem Kunden machen?

- Vertrauen aufbauen
- euch unentbehrlich machen durch schnelles Reagieren auf seine Wünsche
- erstklassiger Service
- offene Kommunikation
- »Freund und Helfer«, der immer ein offenes Ohr hat
- keine Werbung über den Preis

Im Unternehmen: Der Gewohnheitskäufer kauft immer beim gleichen Lieferanten oder Dienstleister. Ihm ist die Zuverlässigkeit wichtiger als der Preis. Meist ist es allerdings so, dass ein anderer im Unternehmen für die Bezahlung zuständig ist. Der Gewohnheitskäufer benötigt also Argumente von euch, um seinen Kauf zu rechtfertigen.

8.4.5 Der Gleichgültige

Der gleichgültige Käufer ist zwar informiert, hat aber kein besonderes Interesse an dem Produkt. Im Fokus für ihn steht, dass das Produkt den Erwartungen entspricht und einen bestimmten Zweck erfüllt.

Der Gleichgültige

- muss nicht groß überzeugt werden, er weiß, was er will,
- möchte einen schnellen und unkomplizierten Einkauf,
- benötigt keine große Auswahl,
- entscheidet sich sehr schnell.

Wie könnt ihr den Gleichgültigen zu eurem Kunden machen?

- Website: einfach und intuitiv bedienbar
- schnelle und einfache Kontaktaufnahme und/oder Bestellung
- keine Ablenkungen
- nur die wichtigen und relevanten Details erklären
- Handlungsaufforderung, Call-to-Action (»hier bestellen«)

Im Unternehmen: Der Gleichgültige findet sich häufig in nur wenig budgetrelevanten Bereichen, z. B. im Einkauf für Bürobedarf.

Und hier ein Beispiel aus der Praxis, das die verschiedenen GRIPS ®-Typen gut veranschaulicht.

> BEISPIEL: L'TUR
>
> Der Last-Minute-Reiseanbieter L'tur aus Rastatt hat vor einigen Jahren ein innovatives, sehr erfolgreiches und zugleich paradoxes Angebot auf den Markt gebracht. L'tur bot auf der Webseite einen Preisvergleich mit Angeboten der Konkurrenz an. Und logischerweise hatte nicht immer L'tur den günstigsten Preis. Was ist passiert? Die Schnäppchenjäger verließen die Seite sofort. Doch jetzt kommt die Überraschung: Die Verlustaversiven fassten Vertrauen, die Preisbereiten und die Gleichgültigen überzeugte der Service und die Gewohnheitskäufer waren dem Unternehmen sowieso treu. Die Belohnung für diese mutige Entscheidung der Geschäftsführung: Die Konversionsrate stieg stark an und zusammen mit dem Marktforschungsunternehmen VOCATUS gewann man den »Marktforschungs-Oscar« oder, ganz offiziell, den Preis der Deutschen Marktforschung in der Kategorie »Beste Studie«.

8.5 Sinus-Milieus

Vielleicht habt ihr den Begriff *Sinus-Milieus* schon einmal gehört. Die Sinus-Milieus wurden vom Markt- und Sozialforschungsunternehmen Sinus-Institut mit Sitz in Heidelberg entwickelt. Dabei werden Menschen, die sich in ihrer Lebensauffassung und Lebensweise ähneln, in Gruppen eingeteilt. Die Unterteilung erfolgt in zwei Dimensionen:

- soziale Lage (Unter-, Mittel- oder Oberschicht)
- Grundorientierung (Tradition, Modernisierung/Individualisierung oder Neuorientierung)

Ein sehr spannendes Thema. Für Start-ups kommt es meines Erachtens aber erst dann in Frage, wenn eine breit angelegte Mediakampagne mit ausreichend finanziellen Mitteln gestartet werden soll. Hier zu empfehle ich das Buch »Brain View« von Hans-Georg Häusel aus dem Haufe-Verlag.

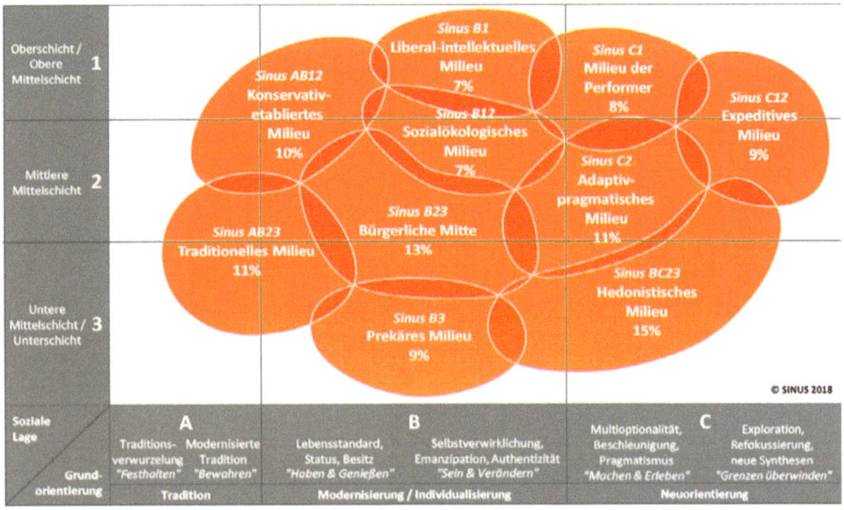

Abb. 14: Die Sinus-Milieus® in Deutschland 2020 (Quelle: https://www.sinus-institut.de/sinus-loesungen/sinus-milieus-deutschland)

8.6 Wunschkunden

In meinen Beratungen gebe ich Gründern immer den Auftrag, eine Liste mit zehn Wunschkunden aufstellen. Neue Auftraggeber, die auf den ersten Blick unerreichbar sind. Voraussetzung ist natürlich, dass die angebotene Leistung oder das Produkt auch für den Wunschkunden passt. Ziel ist es, drei dieser zehn Wunschkunden innerhalb von zwölf Monaten als Klienten zu gewinnen.

Wenn die Liste fertig ist, wird die Vorgehensweise festgelegt.

- Wer ist der ideale Ansprechpartner im Unternehmen?
- Wer ist Entscheider?
- Wo kann man diese Personen treffen oder wie kontaktieren? Auf einer Messe, über XING oder LinkedIn oder vielleicht auf dem Golfplatz bei einem Turnier?

Bei einem Start-up, das ich betreut habe, waren auf der Liste folgende zehn Wunschkunden (alphabetisch): Allianz, BMW, Commerzbank, Daimler, Deutsche Bank, Deutsche Post, Deutsche Telekom, Lidl, SAP und United Internet. Tatsächlich hat es das Start-up geschafft, drei dieser Unternehmen als Kunden zu gewinnen. Der Ordnung halber muss ich zugeben, dass daraus statt der geplanten zwölf etwas mehr als 20 Monate wurden.

PRAXISTIPP

Setzt euch mit dem gesamten Gründerteam hin und erstellt eine Liste mit zehn Wunschkunden. Das müssen Kunden sein, die für euch bei der Erstellung völlig unrealistisch sind. Lasst die Liste ein paar Tage liegen und plant dann die Vorgehensweise. Also: Wer ist der Ansprechpartner, der Entscheider usw.?

8.7 Und was ist mit Nichtkunden?

Macht euch einfach mal Gedanken, aus welchem Grund manche Leute eine Dienstleistung nicht in Anspruch nehmen oder ein Produkt nicht kaufen. Oft gibt es Kundengruppen, die nicht beachtet werden oder für die sich ein Angebot auf den ersten Blick nicht lohnt. Durch schlanke, digitale Prozesse sind aber vielleicht ganz neue Geschäftsfelder möglich, die vorher nicht rentabel waren.

Beispiel 1: Für Versicherungskonzerne sind kurzfristige und niedrigpreisige Versicherungen nicht attraktiv, da der Aufwand im Vergleich zum Gewinn zu hoch ist. Was ist aber, wenn Urlauber ihre Ski-Ausrüstung für den Winterurlaub kurzfristig und nur für fünf Tage versichern möchten?

Für Versicherungsunternehmen sind das Nichtkunden. Aber für InsurTech-Unternehmen, also Start-ups im Bereich der Versicherungen, z. B. Travelsecure, ist das eine interessante Zielgruppe und ein spannendes Geschäftsmodell. Die Idee: Versicherung-on-Demand, kurzfristig abzuschließen mit einer kurzen Laufzeit.

Beispiel 2: Ihr wollt eine Fluggesellschaft auf 250 Euro verklagen. Der Grund: Der Flug war mit mehr als zwei Stunden deutlich verspätet. Eure eigenen Reklamationen bei der Gesellschaft scheitern, da immer wieder neue Ausreden kommen. Wenn ihr nun zu einem Rechtsanwalt geht, hat dieser nicht wirklich viel Spaß mit dem Fall. Der Streitwert ist gering, dafür ist die Rechtsabteilung des Konzerns wahrscheinlich umso größer. Für euch als Kunde ist der Fall auch mit einem hohen Zeitaufwand und einem Kostenrisiko behaftet. Also verzichten die meisten Reisenden auf eine Klage für eine Entschädigung. Für Rechtsanwaltskanzleien wärt ihr damit also wieder Nichtkunden. Aber umso interessanter für Start-ups, z. B. Flightright, die sich darauf spezialisiert haben, Entschädigungen bei Verspätungen oder Ausfällen bei Fluggesellschaften einzufordern. Durch optimierte Standardprozesse ist das ein sehr lukratives Geschäft. Und das funktioniert auch bei Bahnreisen. Und obwohl da die Entschädigungssummen noch geringer sind, lohnt sich dieser Geschäftsbereich ebenfalls.

TAKE AWAY

- Beschäftigt euch intensiv mit der Suche nach der richtigen Zielgruppe. Nicht der erste Gedanke muss der richtige sein.
- Wer besitzt eure Zielgruppe und mit wem könnt ihr eine Kooperation eingehen?
- Erstellt Buyer Personas! So versteht ihr eure Kunden besser.
- Erstellt eine Liste mit zehn Wunschkunden und überlegt, wie ihr diese für euch gewinnen könnt.
- Analysiert auch eure Nichtkunden. Vielleicht entdeckt ihr bisher unerkanntes Potenzial.

9 Baustein 6: Vertriebswege

Viele Wege führen nach Rom. Und viele Wege führen zum Kunden. Aber welcher Weg ist der richtige? Eine knifflige Frage, da sie sich nicht pauschal beantworten lässt. Zum einen müssen Start-ups mehrere Vertriebswege nutzen. Zum anderen ist die Auswahl nicht in Stein gemeißelt. Regelmäßig muss die Strategie kontrolliert und eventuell angepasst werden.

Aber welche Kriterien solltet ihr bei der Wahl der richtigen Vertriebsform berücksichtigen?

9.1 Vier Kriterien für den richtigen Vertriebsweg

Ihr solltet diese vier Kriterien intensiv beleuchten, um euch für den richtigen Vertriebsweg entscheiden zu können. Dabei geht es um das Produkt, um die Kunden, euer Unternehmen und natürlich auch die Mitbewerber. Aber gehen wir die einzelnen Punkte einmal durch.

1. **Euer Produkt/eure Leistung**

Folgende Punkte sind zu klären:
- Wie erklärungsbedürftig ist euer Produkt?
- In welchem Preissegment seid ihr unterwegs?
- Müsst ihr evtl. die Logistik mit in Betracht ziehen, also die Themen Lager und Transport?

2. **Eure Kunden**

Setzt euch hin und geht folgende Liste durch:
- Wie groß ist eure potenzielle Zielgruppe?
- Wo sind eure Kunden (regional, bundesweit, international)?
- Wie oft bestellen die Kunden und wie hoch ist der Bedarf?
- Wie groß ist der Warenkorb, also das durchschnittliche Auftragsvolumen?
- Welche Einkaufsgewohnheiten haben die Kunden?

3. **Euer Unternehmen**

Folgende Punkte sind zu klären:
- Was sind eure Vertriebsziele?
- Welche Ressourcen (Finanzen und Personal) stehen euch zur Verfügung?

- Welche Stärken habt ihr im Bereich Vertrieb?
- Wie ist eure aktuelle Positionierung im Markt und wo wollt ihr hin?

4. **Mitbewerber**

Selbstverständlich sollt und dürft ihr bei euren Überlegungen um eure zukünftigen Vertriebswege die Konkurrenz nicht außer Acht lassen. Also analysiert:

- Wer sind eure Mitbewerber?
- Wie sind sie positioniert?
- Welche Vertriebswege nutzen sie?
- Welche Vertriebsstärke und Know-how zeichnen sie aus?

Wenn ihr euch fragt, ob ihr einen oder mehrere Vertriebswege wählen sollt, gebe ich zunächst eine typische Standardantwort: Es kommt darauf an. Generell würde ich aber mehrere Vertriebswege in Angriff nehmen. Dann könnt ihr Erfahrungen sammeln und die Erfolge und Misserfolge der verschiedenen Vertriebswege vergleichen.

9.2 Die Vertriebswege

Im folgenden Kapitel werden zentrale Vertriebswege aufgeführt. Die Erläuterungen beziehen sich auf fünf Aspekte: Beschreibung, Zielgruppe/Anwendungsgebiete, Vor- und Nachteile, erfolgreiche Beispiele sowie weiterführende Informationen. Zwei Vertriebswege, Onlineshop und Marktplätze/Plattformen, betrachte ich ausführlicher, da ich sie für viele Gründer für besonders wichtig halte.

9.2.1 Onlineshop

Beschreibung: Der eigene Shop im Internet. Der Vertriebskanal mit den höchsten Steigerungsraten. Wer Waren vertreibt, kommt an einem eigenen Onlineshop fast nicht mehr vorbei. Heute ist das Erstellen eines Shops sehr schnell machbar.

Zielgruppe: B2B und B2C

Vorteile:

- inzwischen durch Shopsysteme sehr schnell und preisgünstig aufzubauen
- Gewinnung von Neukunden
- einfache Möglichkeit der Kommunikation mit den Kunden
- Umsatzerhöhung
- Effizienzsteigerung (ein Onlineshop ist 24/7 für den Kunden da)
- automatisierte Geschäftsprozesse möglich

Nachteile:

- Einsatz von Personal mit dem entsprechenden Know-how. Auch ein Onlineshop muss beworben und gepflegt werden.
- Die Datenpflege ist aufwendig und eine Anbindung an ein Warenwirtschaftssystem ist zu empfehlen.

Wenn ihr einen eigenen Shop erstellen wollt, gibt es eigentlich drei Möglichkeiten:

1. Ihr beauftragt eine Agentur mit der Erstellung und Betreuung des Shops.

Meines Erachtens ist das heute nicht mehr nötig. Das Angebot an fertigen Shops, die ihr euch entsprechend anpassen lasst oder selbst anpasst, ist riesengroß. Beispiele dazu werde ich euch in den weiteren Ausführungen aufzählen. Die Nachteile dieser Lösung sind meines Erachtens immens. Oft laufen die Kosten bei solchen Projekten fort, gerade wenn es um weitere Features geht. Zumal die anderen Lösungen auch deutlich schneller sind.

2. Ihr nehmt euch ein bestehendes Baukastensystem und baut den Shop selbst auf.

Dies ist zum entscheidend abhängig davon, ob sich die Gründer oder eure Mitarbeiter mit diesem Thema auskennen. Aber unterschätzt dieses Thema nicht: Der Aufbau eines Shops ist relativ einfach, aber wenn der Shop größer wird und die Anforderungen steigen, dann wird es sehr anspruchsvoll.

3. Ihr greift auf ein bestehendes System zurück, lasst den Shop aber professionell betreuen.

Das betrifft Start-ups, für die ein professioneller Shop extrem wichtig ist. Gerade wenn ein schnelles Wachstum und/oder die Internationalisierung geplant sind, empfehle ich, auf ein bestehendes System zurückzugreifen und diesen Shop professionell betreuen zu lassen. Die Auswahl des richtigen Shopsystems ist sehr wichtig. Macht euch also frühzeitig Gedanken, welchen Anforderungen das System langfristig genügen muss. Ich empfehle hier nur Systeme, die auch für mittelgroße Shops geeignet sind. Also Anbieter, mit denen ihr wachsen könnt.

Folgende Systeme sind auf dem Markt und werden in Tests auch immer wieder positiv bewertet: Alzura Shop, Gambi, Shopify, Lightspeed, Webflow, HostEurope und Magento.

Für die Entscheidung, welches Shopsystem das richtige für euch ist, sind noch einige Fragen zu klären:

- Wie hoch ist euer Budget?
- B2B, B2C oder beides?

- Wie viele Artikel wollt ihr in den Shop einstellen?
- Hat jemand in eurem Team Erfahrung im E-Commerce?
- Wollt ihr ausschließlich mit einem Shopsystem arbeiten oder habt ihr noch andere Vertriebswege?
- Ist eine Anbindung an Marktplätze geplant?
- Wollt ihr auch im Ausland verkaufen?
- Soll der Shop mehrsprachig sein?
- Welche Zahlungssysteme sind wichtig für eure Zielgruppe?
- Benötigt ihr einen Support?
- Welche Funktionen sind euch noch wichtig? Z.B. Rabattcodes, Geschenkgutscheine oder Blog?
- Wollt ihr alles selbst machen oder eine Agentur beauftragen?

Eins kann ich euch versprechen: Das perfekte Shopsystem gibt es nicht. Also schaut euch die Systeme genau an. Wenn ihr eine Agentur beauftragen wollt, schaut euch auch diese genau an. Lasst euch die Referenzen zeigen und führt ausgiebige Gespräche.

9.2.2 Exkurs: Interview mit Andreas Wächter

Lieber Andreas, bitte stelle dich kurz vor.

Mein Name ist Andreas Wächter, ich bin Gründer und Geschäftsführer von beeclever GmbH. Nach meinem Job als Banker und dem General-Management-Studium gründete ich mit weiteren Partnern das Unternehmen beeclever. Getrieben vom Neudenken des Begriffs Arbeit und der Dynamik eines Start-ups war ich vom Thema Gründen schon längere Zeit begeistert. Mit weiteren Partnern, einem motivierten Team und einer neuen Technologie an der Hand starteten wir die Reise, E-Commerce besser zu machen, als es bisher getan wurde. Mit einer skalierbaren Onlineshop-Software und einem Ecosystem von weiteren innovativen Lösungen rund um E-Commerce legten wir den Grundstein, um individuelle Lösungen für Händler und Marken von klein bis groß aufzubauen. Mittlerweile arbeitet unser Team aus UX/UI-Designern, Entwicklern und Projektmanagern für große Brands aus verschiedensten Bereichen wie Fashion, Beauty & Cosmetics, Food und viele mehr.

Wieso ist der richtige E-Commerce-Shop für Start-ups so wichtig?

Dass E-Commerce für viele und vielleicht sogar die meisten Unternehmen wichtig ist, steht außer Frage. Spannend ist, wie E-Commerce gedacht und aufgebaut wird. Start-ups stehen hier vor einer besonderen Herausforderung. Wenn E-Commerce oder

der generelle Handel mit eigenen Produkten beginnt, ist häufig auch im Onlineshop zunächst wenig los. Das kann sich jedoch auch sehr schnell ändern. Greifen die ersten Marketingaktionen oder wird der eigene Pitch bei der Höhle der Löwen ausgestrahlt, kann sich Onlinebusiness schnell um 180 Grad drehen.

Wie schnell kann der eigene Onlineshop bzw. das eigens aufgebaute E-Commerce damit Schritt halten?

Kunden erwarten von Tag eins an einen reibungslosen Bestellvorgang, eine professionelle und schnelle Lieferung, direkten Kundensupport und auch eine einfach Rückabwicklung. Hier ist vor allem das Backoffice gefragt: Wie schnell können wir mehrere Bestellungen bearbeiten? Versenden wir die Produkte selbst oder haben wir einen professionellen Partner? Hier geht es letztendlich nur um Mindestanforderungen an einen Onlineshop, der Anspruch sollte jedoch ein anderer sein – nämlich von Tag eins an professionell aufzutreten, einen performanten und immer erreichbaren Onlineshop anzubieten, Kundenbindungen aufzubauen und sich weiterhin auf die Skalierung des Business zu konzentrieren.

Was sind die größten Fehler bei der Shopauswahl?

Viele der genannten Aspekte lassen sich von Beginn an lösen und größtenteils automatisieren. Das Wichtigste ist die Auswahl der richtigen Systeme und der richtigen Partner. Systeme müssen skalierbar sein und mit dem Business wachsen können. Der eigene Onlineshop muss immer erreichbar sein. Hier gibt es Onlineshop-Systeme, deren Serverleistung mitwächst, und zwar in Realtime. Auf der anderen Seite gibt es Systeme, welche selbst gehostet werden müssen und um die sich gekümmert werden muss. Es ist vielleicht im ersten Moment spannend, wenn während der Ausstrahlung meines Pitchs im TV der Shop aufgrund des hohen Traffics abstürzt. Tatsächlich kann mein Shop in der Zeit nichts verkaufen, und das will nun keiner. Somit sollte höchster Wert auf die Analyse von Systemen, deren Ausbaufähigkeit und deren Verknüpfungsmöglichkeiten gelegt werden, bevor es an die Auswahl geht.

Hast du ein Beispiel für ein erfolgreiches E-Commerce Start-up?

Beispiele erfolgreicher E-Commerce Start-ups gibt es einige. Ein gutes Beispiel ist Smile Secret, die in kurzer Zeit ein sehr erfolgreiches Onlinebusiness aufgebaut haben. Mit sehr guter Marketingstrategie und einer E-Commerce-Plattform, die die Entwicklung des Unternehmens optimal unterstützt hat, konnte Smile Secret zu einem der erfolgreichsten neuen E-Commerce-Unternehmen Deutschlands werden.

Mit dem geschaffenen technischen Umfeld können neue Lösungen aus verschiedenen Bereichen getestet und in das bestehende Ökosystem integriert werden. Hinter einer solchen Erfolgsgeschichte steckt aber vor allem sehr viel Arbeit, die jedoch mit der Auswahl der richtigen Systeme unterstützt werden kann.

Vielen Dank, Andreas, für das Interview.

9.2.3 Marktplätze/Plattformen

Betrachten wir nun die Online-Marktplätze und Plattformen. In einigen Büchern wird zwischen den beiden Formen unterschieden. Tatsache ist, dass in dem Bereich Marktplätze und Plattformen die Grenzen immer mehr verschwinden.

Auf Marktplätzen bieten Händler Produkte und/oder Services zum Kauf an. Die Gestaltung des Preises sowie das finanzielle Risiko liegen auf der Seite der Händler. Der Marktplatz erhält dafür eine Provision. Teilweise bieten Marktplätze auch noch weitere Dienstleistungen wie Logistik oder Payment an. Ein Marktplatz ist also in den gesamten Verkaufsprozess mit eingebunden, während eine Plattform lediglich Käufer und Verkäufer verbindet. Die Grenzen verschwimmen immer mehr, ich selbst sehe keinen Unterschied mehr. Aus diesem Grund behandeln wir diese beiden Vertriebsformen in einem Kapitel.

Beschreibung: Bei Online-Marktplätzen denkt man zuerst an Amazon. Doch es gibt eine Vielzahl von Marktplätzen, die wir hier beleuchten wollen.

Laut der Studie »Die Marktplatzwelt 2020« von ecom consulting

- erwirtschaften Marktplätze inzwischen über die Hälfte des deutschen E-Commerce-Umsatzes,
- hat sich die Zahl der Marktplätze im DACH-Raum von 2015 bis 2020 mehr als verdoppelt,
- gibt es aktuell (Juni 2020) sage und schreibe 170 Marktplätze im DACH-Raum,
- sind die meisten Marktplätze Generalisten,
- steht ein Drittel der Marktplätze in direkter Konkurrenz zu den Händlern, denn sie bieten selbst Produkte an.

Im Allgemeinen gilt, dass Marktplätze einen sehr schnellen und einfachen Marktzugang ermöglichen.

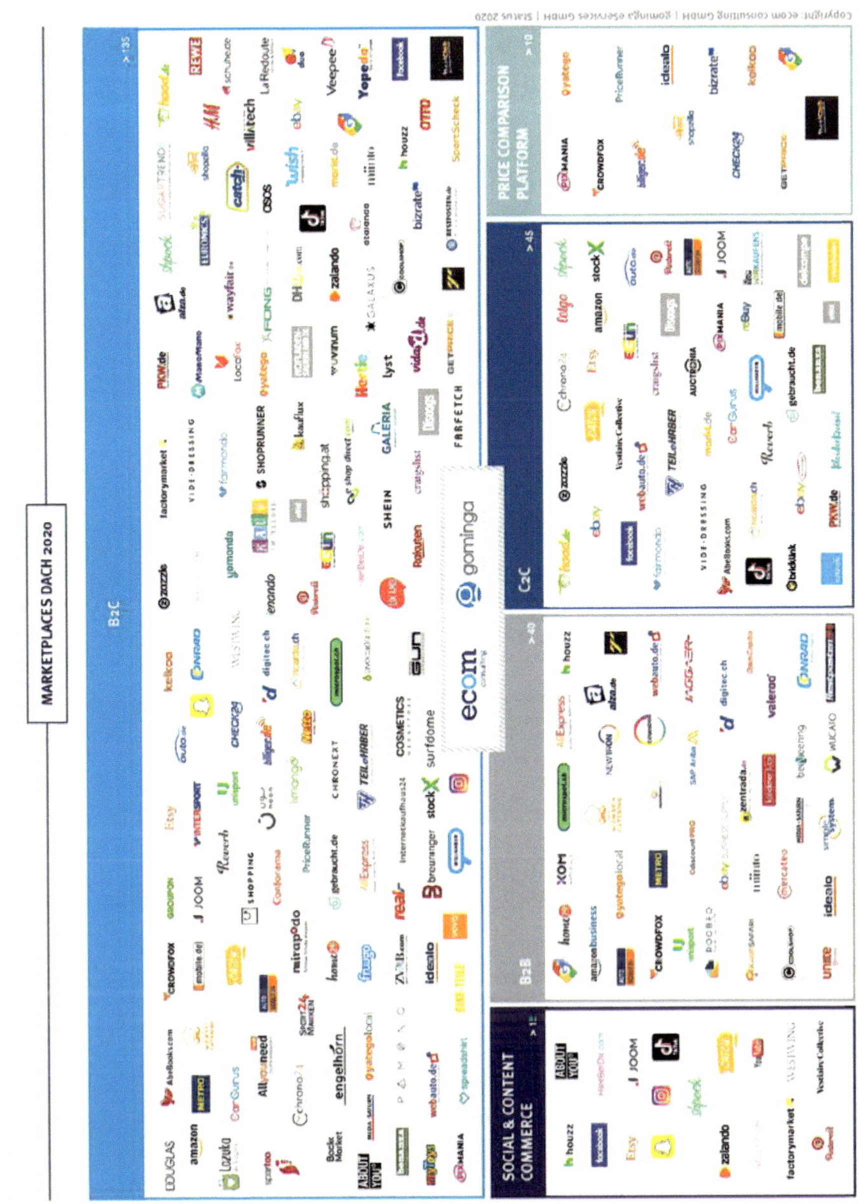

Abb. 15: Globale Marktplätze 2020 (Quelle: https://www.ecom-consulting.de/b2b-marktplaetze)

Marktplätze können wir in vier plus eins Kategorien einteilen: die Klassiker, die Mischlinge, die Nischenanbieter, die Preisvergleicher und Amazon. Beginnen wir mit dem US-Giganten.

Amazon

Beschreibung: Spielt in einer eigenen Liga. Aus diesem Grund wird das Unternehmen aus den USA auch als eigene Kategorie (»plus eins«) aufgeführt. Mit einem Umsatz von 280 Milliarden US-Dollar im Jahr 2019, einem Gewinn von 11,6 Milliarden US-Dollar und einem Börsenwert von 1,32 Billionen US-Dollar (Juni 2020) war es nach Apple und Microsoft und noch vor Google das drittwertvollste Unternehmen der USA. Der Umsatz des Deutschlandgeschäfts von Amazon (amazon.de) belief sich im Jahr 2018 auf 19,9 Milliarden Dollar. Experten schätzen, dass Amazon 100 Millionen (!) Produkte auf der Plattform hat.

Vorteile: Kunden suchen Produkte nicht mehr über Suchmaschinen wie Google. Produkte werden direkt auf Amazon angesteuert. Über die Marktmacht des amerikanischen Riesen braucht man an dieser Stelle, glaube ich, nichts weiter sagen.

Nachteile: Die Marktmacht ist auch direkt der gravierende Nachteil. Die Konkurrenz ist riesig, zudem sammelt Amazon alle Daten. Hinzu kommt, dass Amazon selbst Produkte anbietet. Das bedeutet nichts anderes, als dass ihr eventuell auf Amazon gegen Amazon antreten müsst. Aufgrund der gesammelten Daten weiß Amazon, welche Produkte wann und zu welchem Preis verkauft werden. Ein unschätzbarer Vorteil.

Tipp: An Amazon kommt kaum ein Händler vorbei, aber macht euch nicht abhängig von diesem Vertriebskanal.

Der Klassiker

Beschreibung: Marktplatz ohne eigene Produkte, häufig aber mit einem breiten Sortiment

Vorteile: Das Onboarding ist oft sehr schnell und einfach, hier gibt es kaum Zulassungsbeschränkungen. Kunden, die ihr über die Klassiker gewonnen habt, könnt ihr künftig gut als Kunden binden, also auf die eigene Webseite bringen.

Nachteile: Die Marktplätze sind voll mit Angeboten. Es gibt also immer einen Kampf um die vorderen Plätze, denn die versprechen Umsatz.

Beispiele: ebay, Rakuten

Die Mischlinge
Beschreibung: Damit sind Plattformen von starken Handelsmarken gemeint, die Drittmarken zulassen.

Vorteile: Als Start-up profitiert ihr von der hohen Markenbekanntheit und vom hohen Marketingaufwand der Betreiber.

Nachteile: Der Betreiber bietet selbst die Produkte an, ist also ein direkter Mitbewerber. Nicht unproblematisch, schließlich hat der Betreiber der Plattform Zugang zu allen Kundendaten. Eine Kundenbindung für Start-ups ist sehr schwer, da diese oft über die Dachmarke erfolgt. Häufig gibt es hier auch Zulassungsbeschränkungen. Gerade bei Start-ups wird genau hingesehen, ob sie alle Anforderungen des Plattformbetreibers erfüllen können. Dies betrifft den Produktumfang, die Qualität, Lieferfähigkeit und den Kundensupport.

Beispiele: Otto, Zalando, Real

Die Nischenanbieter
Beschreibung: Nischenmarktplätze haben ein schmales, aber tiefes Sortiment. Ziel ist es, eine spezielle Zielgruppe zu erreichen. Da die Zielgruppe sehr klein ist, ist auch der Traffic auf der Plattform nicht allzu hoch, dafür ist aber der Traffic wertvoll. Oft haben solche Nischenanbieter eine geringe Bekanntheit. Schaut euch also die Besucher (Zielgruppenrelevanz) und die Besucherzahlen der Plattform genau an.

Vorteile: Die Zielgruppe befindet sich auf dem Marktplatz. Je nachdem, welche Produkte ihr anbietet, ist eine Teilnahme hier also quasi Pflicht. Kunden, die über diese Plattform zu euch kommen, könnt ihr dauerhaft an euch binden. Ein gutes Beispiel ist der Marktplatz für Luxusuhren, das Unternehmen www.chrono24.de. Laut eigenen Angaben besuchen jeden Tag 500.000 potenzielle Kunden die Webseite. Wenn ihr also Luxusuhren verkauft, dann ist dies ein interessantes Umfeld. Allerdings sind auf Chrono24 auch über 60.000 weitere Anbieter, sprich Mitbewerber.

Nachteile: Die Zielgruppe ist da, aber natürlich auch eure Mitbewerber.

Beispiele: Chrono24 (Luxusuhren) oder eGun (Jäger, Schützen und Angler)

Die Preisvergleicher
Der Name sagt es: Produkte unterschiedlicher Anbieter werden über die Preise verglichen. Besucher der Plattform sind preissensitive Kunden. Erinnere dich an die Schnäppchenjäger aus Kapitel 8.4.1

Vorteile: Die Plattformen haben eine hohe Bekanntheit, da sie sehr viel ins Marketing investieren. Stand Mai 2020 sind monatlich bis zu 20 Millionen deutsche Konsumenten auf den Vergleichsseiten unterwegs, was im DACH-Raum einem Marktanteil von sieben Prozent entspricht.

Nachteile: Es geht ausschließlich um den Preis. Die Kunden haben sich meist bereits für ein Produkt entschieden und suchen jetzt nur noch die günstigste Lösung. Den Kunden, der von einer Preisvergleichsplattform kommt, könnt ihr nur schwer an euer Unternehmen binden.

Beispiele: Check24, idealo, Billiger.de

Die Auswahl des richtigen Marktplatzes
Wie entscheidet ihr euch nun für den richtigen Marktplatz? Betrachtet dazu folgende Aspekte und beantwortet sie im Detail.

Historie

- Seit wann aktiv

Marktplatz

- Bekanntheit/Reichweite
- Sortiment
- Image/Vertrauen des Marktplatzes
- Rechtssicherheit
- Verbreitung (weltweit/EU/DACH/Deutschland/lokal)

Kundengruppe

- Nutzer des Marktplatzes
- Ist die eigene Zielgruppe auf dem Marktplatz
- Mitbewerber auf dem Marktplatz

Aufwand/Kosten

- Gebühren und Provisionen
- Einstellungs- und Pflegeaufwand
- Retourenabwicklung
- Produktdatenpflege

TIPPS

- Schaut euch die Marktplätze genau an. Es werden in Zukunft weitere Marktplätze aufkommen. Gleichzeitig werden auch einige wieder verschwinden.
- Seid auf mehreren Marktplätzen gleichzeitig präsent. Neben Generalisten gibt es auch viele Anbieter in Nischenmärkten. Vielleicht auch in eurer Branche.

Neben den Marktplätzen, die national und international aufgestellt sind, gibt es seit kurzem einen Trend zu lokalen Marktplätzen. Nach meiner Meinung unterschätzen die Betreiber dieser Plattformen den Aufwand des Aufbaus und Betreibens. Ich befürchte, dass ein Großteil der Akteure, die mit viel Enthusiasmus gestartet haben, schnell wieder verschwinden werden.

Vielleicht spielt ihr mit dem Gedanken, selbst einen Marktplatz aufzubauen. Die Herausforderung ist, dass ihr gleichzeitig und sehr schnell Händler und Kunden auf die Plattform bringen müsst.

Händler kommen nur, wenn Kunden auf der Plattform sind. Und Kunden kommen nur, wenn auch ausreichend Händler auf dem Marktplatz sind. Also ein Henne-Ei-Problem, an dem bereits viele Gründer gescheitert sind.

Kommen wir nun zu weiteren Vertriebswegen, die ihr für euer Start-up in jedem Fall auch in Erwägung ziehen solltet.

9.2.4 Teleshopping

Beschreibung: Ein Vertriebskanal, der häufig unterschätzt wird. Im Jahr 2018 lagen die Gesamtumsätze des Teleshoppings in Deutschland laut dem Verband Privater Medien (VAUNET) bereits bei rund 2,07 Milliarden Euro. Zehn Jahre zuvor hatten die Teleshopping-Anbieter einen Umsatz von rund 1,21 Milliarden Euro erwirtschaftet.

Zielgruppe: B2C. Das Durchschnittsalter der vorwiegend weiblichen Kunden liegt bei 50 plus und ist konstant. Jeder zweite Kunde bestellt mindestens einmal im Monat, Heavy User sogar mehrmals in der Woche. Gekauft werden häufig Produkte, die eine Lösung für ein Problem bieten, von dem man vorher gar nicht wusste, dass man es hatte.

Vorteile: Teleshopping passt ideal für Consumer-Artikel, extremer Verkauf während der Sendung

Nachteile: keine Kundenbindung, schlechter Aufbau einer Marke: Teleshopping hat trotz seines Erfolgs immer noch ein schlechtes Image. Dazu kommt die Abhängigkeit vom Sender.

Abb. 16: Die Abflussfee von K.-H. Bilz: nach fünf Minuten ausverkauft (Quelle: https://www.tz.de/tv/hoehle-loewen-millionaer-tickt-in-live-sendung-komplett-aus-eklat-bei-qvc-zr-12974588.html)

Neben den Marktführern QVC und HSE24 sind in Deutschland etwa 15 weitere Sender aktiv.

9.2.5 Franchise

Damit ist gemeint, dass ihr ein Franchisesystem aufbaut, also Franchisegeber werdet. Franchise, das bedeutet erst einmal: Die Franchisenehmer sind selbstständig, setzen aber auf ein bereits etabliertes Geschäftskonzept und haben so eine starke Zentrale als Rückhalt. Einen Partner also, der einen in der Selbstständigkeit mit Know-how, günstigen Einkaufskonditionen, Beratung und Marketingmaßnahmen unterstützt. Ganz typisch für die meisten Franchiseunternehmen ist der gemeinsame Marktauftritt. Der Franchisenehmer steht also nicht mit seinem Namen in der Öffentlichkeit, sondern mit dem des Franchisegebers.

Es gibt, grob dargestellt, drei Formen des Franchisings:

1. Vom **Vertriebsfranchising** spricht man, wenn der Franchisenehmer bestimmte Produkte in einem Laden unter dem Namen des Franchisegebers verkauft. Das bekannteste Beispiel dürfte McDonald's sein.
2. Beim **Dienstleistungsfranchising** bietet der Nehmer Dienstleistungen im Namen des Gebers an. Das ist zum Beispiel bei Nachhilfeinstituten der Fall.
3. Die letzte Form ist das **Produktionsfranchising**. Dieses wird auch als Industrie- oder Herstellerfranchising bezeichnet. Dabei stellt der Franchisenehmer unter Vorgabe des Franchisegebers Produkte her. Diese werden dann ebenfalls unter dem Namen des Franchisegebers verkauft. Das Produktionsfranchise findet man oft in der Getränkeindustrie.

Zielgruppe: Unternehmer, die Franchisenehmer werden wollen. Der Vorteil für den Franchisenehmer: verringertes Risiko gegenüber einer »normalen« Existenzgründung, geringer Finanzbedarf, ein erprobtes Geschäftsmodell, eine etablierte Marke und das Know-how des Netzwerks mit anderen Franchisenehmern

Vorteile: Schnelles Wachstum ist möglich, zudem kann man Franchise auch nebenberuflich ausüben. Laut dem Deutschen Franchiseverband gab es 2019 960 Franchisesysteme mit 133.424 Franchisepartnern.

Nachteile: Zuerst muss bewiesen werden, dass die Geschäftsidee funktioniert. Der Aufbau eines Franchisesystems ist teuer, neben Verträgen ist die Akquise von Franchisenehmern nicht zu unterschätzen.

Beispiel: Coffee-Bike GmbH

Abb. 17: Franchisesystem am Beispiel Coffee-Bike GmbH (Quelle: https://coffee-bike.com/de)

Weitere Informationen zum Thema findet ihr auf der Website des Deutschen Franchiseverbandes (www.franchiseverband.com).

9.2.6 Außendienst

Beschreibung: Der eigene Außendienst ist im Unternehmen angestellt. Damit muss er, im Vergleich zum Handelsvertreter, auch alle Weisungen ausführen.

Zielgruppe: Der eigene Außendienst ist meist im B2B-Bereich zu finden. Seltener im B2C-Bereich und dann auch nur bei hochpreisigen Produkten.

Vorteile: Der Vorteil eines eigenen Mitarbeiters draußen beim Kunden liegt auf der Hand. Ihr habt praktisch das Ohr am Markt.

Nachteile: Ein eigener Außendienst ist der teuerste Vertriebskanal. Wenn ein Mitarbeiter an der Verkaufsfront gut organisiert ist, kriegt er vielleicht vier bis fünf Termine pro Tag hin. Wenn ihr nun die Kosten wie Gehalt, Sozialversicherung, Reisekosten, Arbeitsmaterial usw. berechnet, dann seht ihr sehr schnell, wie teuer jeder einzelne Termin ist. Und ein Termin ist ja noch lange kein Vertragsabschluss.

Hinzu kommt noch ein Problem: Einen guten Außendienstmitarbeiter zu finden, ist sehr schwer. Die guten Vertriebler arbeiten bei den großen Konzernen mit dickem Gehalt, großem Firmenwagen, Bonus und Incentives. Da ist es schon eine besondere Herausforderung, solch qualifizierte Leute für ein Start-up abzuwerben.

PRAXISTIPP

Wenn ihr einen Mitarbeiter für den Außendienst eingestellt habt, führt ihn eng. Legt einmal die Woche alle Daten auf den Tisch: Wie viele Termine, wie viele Angebote, Aufträge usw. wurden erledigt.
Viele Gründer merken erst zu spät, dass sie vielleicht doch nicht den richtigen Mitarbeiter eingestellt haben. Und solch ein Fehler kostet Zeit und vor allem Geld.

9.2.7 Handelsvertreter

Beschreibung: Handelsvertreter ist, wer als selbstständiger Gewerbetreibender dauerhaft für einen anderen Unternehmer tätig ist und in dessen Namen und auf dessen Rechnung Geschäfte vermittelt oder abschließt, nachzulesen im Handelsgesetzbuch (HGB, § 84 Abs. 1). Selbstständig bedeutet, dass der Handelsvertreter im Wesentlichen seine Tätigkeit und seine Arbeitszeit selbst bestimmen kann.

Zielgruppe: Handelsvertreter sind meist im B2B-Bereich zu finden. Ideal ist, wenn der Handelsvertreter bereits einen guten Kontakt zu seinen Kunden hat und noch ein weiteres Produkt mit anbieten kann. Es versteht sich von selbst, dass dieses neue Produkt nicht im Wettbewerb mit den bestehenden Produkten stehen darf.

Vorteile: Handelsvertreter arbeiten auf Provisionsbasis, somit hat das Unternehmen keine fixen Kosten. Handelsvertreter konzentrieren sich oft auf eine bestimmte Zielgruppe und vertreten dort Produkte von verschiedenen Unternehmen. Somit ist der Zugang zur Zielgruppe gegeben, was einen Markteintritt vereinfacht bzw. beschleunigt.

Nachteile: Einen guten Handelsvertreter zu finden, ist schwer. Sie arbeiten selbstständig, sind also nicht an Weisungen gebunden und somit schwerer zu führen als der eigene Außendienstmitarbeiter. An dieser Stelle möchte ich auf den Ausgleichsanspruch nach § 89b HGB hinweisen. Ich empfehle, dass ihr euch zu der gesamten Thematik von einem Fachmann beraten lasst.

Beispiele: Der Telekommunikationsriese Vodafone setzt im Vertrieb zu einem großen Teil Handelsvertreter ein.

Weiterführende Informationen gibt euch die Centralvereinigung Deutscher Wirtschaftsverbände für Handelsvermittlung und Vertrieb e. V. (CDH), der Spitzenverband für Vertriebsunternehmen in Deutschland (www.cdh.de).

9.2.8 Direktvertrieb

Beschreibung: Beim Direktvertrieb gibt es den direkten Kontakt zwischen Vertriebsmitarbeiter und Kunden, oft in den eigenen vier Wänden des Kunden. Der Vertriebler ist in den meist selbstständig tätig. Somit erfolgen Marketing, Preisgestaltung, Logistik und Finanzierung durch den Hersteller. Im Jahr 2016 waren fast 900.000 Vertriebler im Direktvertrieb unterwegs, viele davon nebenberuflich. Umsatz 2018 in dieser Vertriebsschiene: 17,7 Milliarden Euro laut dem Bundesverband Direktvertrieb Deutschland. Der Verkauf auf Messen, Wochenmärkten und in Fußgängerzonen wird auch dem Direktvertrieb zugerechnet, ist aber auf den Umsatz bezogen nur ein kleinerer Teil des Marktes.

Zielgruppe: B2C. Die Kunden werden überwiegend zu Hause besucht.

Vorteile: Vertriebsmitarbeiter arbeiten auf eigene Rechnung. Der Erfolg eines Direktvertriebs steht und fällt neben dem Produkt mit den Verkäufern. Hier ist eine sehr enge Kundenbindung möglich, aus Kunden können Fans werden. Der Grund: Der Kunde erhält eine ausführliche Beratung und kann die Produkte in Ruhe zu Hause ausprobieren. Die Branche boomt, die Kochpartys, oder neudeutsch: das Erlebniskochen, haben diesem Vertriebsweg einen Schub nach vorne gegeben.

Nachteile: Sehr aufwendiger Vertriebsaufbau. Zum einen müssen Vertriebsmitarbeiter gewonnen und geschult werden. Anschließend müssen diese mit den nötigen Terminen versorgt werden. Mitarbeiter müssen eng geführt werden.

Beispiele: Die wohl bekanntesten Beispiele sind Tupperware mit seinen Tupperpartys sowie Vorwerk mit der Produktpräsentation des Thermomix.

Weiterführende Informationen findet ihr über den Bundesverband Direktvertrieb Deutschland (www.direktvertrieb.de).

9.2.9 Multi-Level-Marketing

Beschreibung: Wird auch oft als Network-Marketing, Empfehlungsmarketing oder auch Strukturvertrieb bezeichnet und ist eine Spezialform des Direktvertriebs. (Manchmal findet man auch die Bedeutung Schneeballsystem, das allerdings eher im illegalen Bereich anzusiedeln ist.)

Die Kunden können als selbstständige Berater tätig sein und gleichzeitig auch die Produkte weiterverkaufen. Sie arbeiten oftmals nebenberuflich. Dadurch können solche Netzwerke sehr schnell wachsen, da viele Menschen neben ihrer eigentlichen Arbeit Geld verdienen wollen oder müssen. Das Multi-Level-Marketing ist geeignet für Produkte mit einer hohen Marge, die nicht erklärungsbedürftig und für Endkunden gedacht sind.

Zielgruppe: B2C

Vorteil: große Vertriebsmannschaft mit viel Power möglich

Nachteil: schlechtes Image, passt nur für Produkte mit einer hohen Marge

Bekannte Unternehmen, die mit diesem Vertriebskanal groß geworden sind: Deutsche Vermögensberatung, Swiss Life Select, Amway, Herbalife, Forever Living Products.

9.2.10 Katalog (Print)

Beschreibung: Der Printkatalog wird von vielen Kunden immer noch sehr geschätzt. So bietet der Onlineshop home24 (www.home24.de) auf Wunsch auch einen gedruckten Katalog an. Aber natürlich gibt es auch die Tendenz, dass gedruckte Kataloge immer mehr durch digitale ersetzt werden.

Zielgruppe: B2C und B2B

Vorteile: Der Katalog gehört in vielen Bereichen noch zum üblichen Vertriebskanal. Im B2B-Bereich im Bürobedarf kann es sich kaum ein Lieferant erlauben, auf den Katalog zu verzichten. Im B2C-Bereich ist er branchenübergreifend immer noch regelmäßig zu finden. Oft werden Kataloge eingesetzt, wenn es eine Vielzahl an Produkten gibt. Wichtig ist in jedem Fall eine sehr gut gepflegte Kundendatenbank, denn bei jeder unrichtigen Adresse oder bei einem Anschreiben mit dem falschen Ansprechpartner landet der Katalog im Papierkorb. Und das kostet Geld für Druck und Versand.

Nachteile: Inzwischen sind die Druckkosten durch neue Druckverfahren zwar gesunken, allerdings ist dieser Vertriebsweg weiterhin nicht günstig. Die Erstellung des Katalogs, der Druck und vor allem der Versand gehen ins Geld.

Beispiele: B2B: Printus GmbH (Bürobedarf), B2C: Babywalz (Alles für Schwangere, Babys und Kleinkinder)

Weiterführende Informationen findet ihr auf der Website des Handelsverbands Deutschland, HDE (www.einzelhandel.de).

9.2.11 White Label

Beschreibung: White Label ist eine Bezeichnung für Produkte und für Dienstleistungen, die von einem Hersteller oder Anbieter nicht unter der eigentlichen Kernmarke vertrieben werden, in ihrer Qualität aber die gleichen Eigenschaften aufweisen wie das Original.

Eigene Hersteller oder Anbieter nutzen diese Strategie aber auch für den Zweck, nur einen Teil ihrer Waren unter dem eigenen Markennamen zu verkaufen, den Rest jedoch als White Label beziehungsweise als Zweitmarke.

Zielgruppe: B2B

Vorteile: Mit dieser Lösung haben Unternehmen die Möglichkeit, verschiedene Zielgruppen unter einem anderen Label anzusprechen. Das erspart Kosten beim Vertriebsaufbau. Teilweise werden so auch unterschiedliche Preise für unterschiedliche Käufergruppen erzielt.

Nachteile: Mit der White-Label-Lösung ist es deutlich schwerer, eine Marke auszubauen. Unternehmen, die nur White-Label-Produkte herstellen, sind den meisten Konsumenten gänzlich unbekannt.

Beispiele: Der Lebensmitteleinzelhandel. Die Eigenmarken der Discounter sind immer White-Label-Produkte. Meist von einem Markenhersteller produziert, werden sie unter anderem Namen vom Discounter günstiger angeboten.

Weiterführende Informationen findet ihr auf der Website der White-Label-Messe (www.whitelabelworldexpo.de).

9.2.12 Messen

Beschreibung: Eine Messe ist im eigentlichen Sinn nichts anderes als eine wiederkehrende Marketingveranstaltung. Sie ermöglicht es Herstellern oder Verkäufern einer Ware oder einer Dienstleistung, diese zur Schau zu stellen, zu erläutern und zu verkaufen.

Zielgruppe: B2B und B2C

Vorteile: Ausstellenden Unternehmen geht es um die Akquise oder die Auffrischung von Kundenkontakten, Steigerung des Bekanntheitsgrades sowie Informationsaustausch. Gerade für Start-ups und junge Unternehmen ist die Messeteilnahme ideal, denn nirgends kommt man so intensiv mit so vielen Kunden in so einer kurzen Zeit zusammen.

Nachteile: Den Aufwand für eine Messe solltet ihr nicht unterschätzen. Dies betrifft den finanziellen und den personellen Invest.

Beispiele: Gibt es zu viele. Deutschland ist der führende und größte Messestandort der Welt.

Informiert euch in eurer Branche, welche Messen es gibt und welche für euch sinnvoll sind. Der Verband der deutschen Messewirtschaft hilft weiter (www.auma.de).

> TIPP
>
> Für Start-ups gibt es in den ersten zwei oder drei Jahren nach Gründung häufig Sonderkonditionen für Messen. Fragt einfach nach.

9.2.13 Indirekter Vertrieb

Ein weiterer Vertriebskanal ist der indirekte Vertrieb. Wie es die Bezeichnung schon sagt, vertreibt der Anbieter (also euer Unternehmen) die Produkte oder Dienstleistung nicht direkt, sondern es werden sogenannte Absatzmittler zwischen eurem Unternehmen und den Kunden eingeschaltet. Dieser Weg ist deutlich kostengünstiger, da ihr weniger Kunden ansprechen müsst. Der große Nachteil ist, dass das Unternehmen keinen direkten Kontakt zum Endkunden hat.

Folgende Optionen für den indirekten Vertrieb gibt es:

Großhändler/Einkaufsgenossenschaft: Hier verkauft ihr an den Großhändler bzw. an die Einkaufsgenossenschaft. Diese verkaufen die Ware weiter an den Einzelhändler, der wiederum die Produkte an die Endkunden verkauft. Diese Möglichkeit ist sinnvoll, wenn sich ein Vertrieb direkt an den Einzelhändler nicht lohnt, weil z. B. die Verkaufsmengen nicht groß genug sind und es eine Vielzahl von Einzelhändlern gibt. Der Spielwarenbereich ist ein Beispiel dafür. Der Einkaufsgenossenschaft Vedes AG gehören aktuell etwa 1.000 Einzelhändler an.

Einzelhändler: Der aufwendigere und teurere Weg ist, den Einzelhandel direkt zu betreuen. Der Vorteil ist, dass ihr dichter am Markt seid. Einzelhändler können euch genau berichten, wie ihre Kunden ticken und welche Wünsche sie haben.

Handwerker: Auch im Handwerk wird der indirekte Vertrieb oft eingesetzt. Habt ihr schon mal eine Heizung online bestellt? Wahrscheinlich nicht. Die Heizung ist defekt und euer Handwerker verkauft euch eine neue Heizung. So gesehen macht also der »Mann im Blaumann« den Vertrieb für den Hersteller der Heizungsanlagen.

9.2.14 Shop/Ladenlokal

Den eigenen Laden möchte ich an dieser Stelle auch erwähnen. Vielleicht plant ihr den Aufbau eines oder mehrerer Ladenlokale. Hier habt ihr den direkten Kontakt zum Kunden. Allerdings sind die Kosten für Miete und Personal sehr hoch. Dazu kommen noch langfristige Mietverträge. Entscheidend ist dann, je nach Produkt, die Lage des Shops. Passt auch auf, welche Geschäfte in eurer Nachbarschaft sind. Habt ihr ein großes Unternehmen als Nachbarn (nicht als Konkurrenten!), könnt ihr von der Laufkundschaft profitieren. Wenn das Unternehmen aber schließt, dann bleiben oft auch die Kunden weg.

Eine alternative Standortlösung können Shoppingcenter sein. Durch die Vielzahl der Läden sowie ein bis zwei Ankermieter (große Unternehmen, oft Discounter) gibt es immer Publikumsverkehr. Der in Deutschland bekannteste Betreiber von Shoppingcentern ist die ECE Projektmanagement GmbH & Co. KG aus Hamburg. Das Unternehmen, das zur Otto-Gruppe gehört, betreibt bundesweit fast 200 Center.

Zielgruppe: B2C

Vorteil: direkter Kontakt zum Kunden

Nachteil: sehr kostenintensiv, langfristige Mietverträge

9.2.15 Internationalisierung

Deutschland ist zu klein für euch? Dann solltet ihr über die Expansion in andere Länder nachdenken. Je nach Lösung oder Produkt verläuft die Internationalisierung normalerweise wie folgt: Schritt eins ist der Markt in Österreich und der Schweiz, Schritt zwei ist der europäische Markt, meist beginnend mit den Nachbarländern. Häufig folgt dann die Expansion nach Nordamerika und anschließend Asien.

Folgende Punkte müsst ihr im Auge haben:

1. Analysiert die internationalen Märkte genau.
2. Bereits auf dem deutschen Markt werdet ihr regionale Unterschiede feststellen. So besitzen die Norddeutschen ein anderes Kaufverhalten als die Bayern. Es ist also noch schwerer, in ein anderes Land zu expandieren.
3. Ein Problem ist immer die Sprachbarriere. Somit bietet sich das deutschsprachige Ausland als erster Markt an.
4. Für andere Länder, die nicht Deutsch sprechen, benötigt ihr eine eigene Webseite sowie die entsprechenden Vertriebsunterlagen. Ihr benötigt einen professionellen Übersetzer. Idealerweise wählt ihr einen Muttersprachler als Übersetzer.
5. Plant die Kosten frühzeitig. Eine Internationalisierung kann sich lohnen, ist aber immer sehr teuer.
6. Lasst euch beraten. Als ersten Ansprechpartner kann ich euch die Deutsche Auslandshandelskammern (www.ahk.de) empfehlen.

TAKE AWAY

- Arbeitet zuerst die vier Kriterien für den richtigen Vertriebsweg aus.
- Seht auch den Vertrieb aus Sicht des Kunden an: Auf welchem Weg würdet ihr gerne angesprochen werden, wo findet man euch?
- Beschäftigt euch intensiv mit den Themen Onlineshop und Marktplätze.
- Es gibt viele Wege zum Kunden. Nicht immer ist der erste Gedanke der beste Weg. Beschäftigt euch mit allen Optionen und wählt dann den für euch besten Vertriebskanal aus.
- Selbstverständlich könnt ihr auch mehrere Vertriebswege nutzen.
- Sammelt erst in Deutschland Erfahrungen, bevor ihr den Vertrieb im Ausland startet.

10 Baustein 7: Preis und Preismodell

Wer Kunden nur über den Preis gewinnt,
wird sie auch des Preises wegen wieder verlieren.
Carsten K. Rath, Director/COO des Center of Service Exellence

»Das ist zu teuer!« Vor diesem Satz hat jedes Start-up Angst. Den richtigen Preis zu finden, ist eine Kunst. Aber auch das richtige Preismodell zu finden, ist nicht einfach. Aber machen wir langsam. Der richtige Preis? Das richtige Preismodell? Wo liegt da der Unterschied? Eine gute Frage. Der Preis ist der Betrag, den der Kunde für euer Produkt oder eure Dienstleistung zahlen muss. Darauf gehe ich in Kapitel 10.1 genauer ein. Im darauffolgenden Kapitel behandele ich das Preismodell. Hier gibt es eine Vielzahl von Möglichkeiten für euch als junges Unternehmen.

Befassen wir uns zuerst mit der Preisgestaltung. Wie legt man den »richtigen« Preis fest? Die Old Economy kalkuliert (meist) so:

Wareneinsatz + Produktionskosten + Lagerhaltung + Logistik + Versicherungen + etc. + Gewinnzuschlag = Verkaufspreis

Dieses System nennt man Cost-Plus-Pricing. Diese Regel ist aber für die meisten Start-ups nicht anwendbar. Welchen Preis lege ich fest, wenn ich eine Software anbiete? Eine Software wird einmal geschrieben und dann verkauft, vielleicht zehnmal, hundertmal oder vielleicht tausendfach. Die Folgekosten sind aber nur noch gering. Oder wie hoch ist der Gewinnzuschlag, wenn es das Produkt oder die Dienstleistung noch gar nicht gibt? Und eine ganz neue Idee auf den Markt zu bringen, ist nicht unüblich für Start-ups.

Entscheidend ist eigentlich nur die Zahlungsbereitschaft der Kunden, also was der Kunde maximal zu zahlen bereit ist. Ein Beispiel: Bei Zalando finden Frauen Jeans in der Preisspanne von 10 Euro bis 440 Euro. Und Jeans von Versace oder Victoria Beckham treffen auf Kunden, die eine höhere Zahlungsbereitschaft haben.

10.1 Der richtige Preis

10.1.1 Was machen die Marktbegleiter?

Der erste Schritt in Richtung Preis geht über eine Marktanalyse. Wer sind die Mitbewerber und was kosten ihre Produkte? Verschafft euch eine Übersicht und erstellt eine Tabelle mit den Angeboten des Wettbewerbs. Welche Features hat das Produkt?

Wo sind die Stärken, wo die Schwächen? Und zu welchem Preis wird es vertrieben? Welches Preismodell setzt euer Konkurrent ein? Dann stellt euer Produkt oder eure Dienstleistung dagegen.

Ihr habt keinen Mitbewerber? Das macht es euch möglicherweise einfacher. Aber wie und mit was löst der Kunde sein Problem bisher? Und was kostet ihn diese »alte« Lösung?

10.1.2 Setzt die Kundenbrille auf

Ich empfehle Start-ups immer: Versetzt euch in die Lage des Kunden. Wie sieht er euer Produkt oder eure Leistung? Passt die Lösung für ihn und wie ist das Preis-Leistungs-verhältnis? Stellt es euch vor: Wie würdet ihr euch als Kunde fühlen, wenn ihr das Produkt oder die Dienstleistung in seiner konkreten Ausprägung zu diesem Preis kaufen wolltet? Wenn sich ein gutes Gefühl einstellt, dann liegt man mit dem Preis meist richtig. Geht davon aus, dass der Kunde sich auch Produkte des Mitbewerbers und dessen Preise ansieht.

10.1.3 Vermeidet teure Extras

Ein Fehler, den deutsche Autohersteller immer noch machen: unzählige und teure Zusatzfunktionen. Die Japaner waren mit ihren Autos erfolgreich, weil die Preisliste einfach war. Im Grundmodell war (fast) alles drin. Kunden lieben diese Art der Überraschung nicht: Ein Feature wird beworben und ist prinzipiell auch verfügbar – aber nur als kostenpflichtiges Add-on. Wenn überhaupt kostenpflichtige Zusatzoptionen, dann bitte nur wenige, transparent und vor allem nachvollziehbar. Zu viele Optionen verwirren den Kunden, machen die Preisfindung schwieriger und frustrieren mehr, als sie helfen. Im Idealfall: alle Optionen mit rein ins Produkt bzw. in den Preis. Tesla macht es gerade vor, wie einfach eine Preisliste sein kann.

10.1.4 Lasst das Preisumfeld sprechen

Nicht nur der Preis ist bei der Entscheidung für den Kunden ein Kriterium. Laut einer Studie des Technologieanbieters Manhattan Associates sind auch der Komfort und die Geschwindigkeit wichtig. Den größten Wert legen die Verbraucher auf einfache Bezahl- und Rückgabeoptionen. Also gestaltet auch das Preisumfeld fair und kundenfreundlich. Was meine ich damit? Einige Beispiele:

- versandkostenfreie Lieferung
- keine Mindermengenzuschläge

- längeres Zahlungsziel
- Wartung inklusive in den ersten zwölf Monaten
- verlängertes Rückgaberecht

Ein Erfolgsbeispiel ist Amazon Prime. Für Prime-Mitglieder ist die Lieferung (in den meisten Fällen) kostenlos und auch teilweise schneller. Unterschätzt dabei nicht die psychologische Wirkung des Preises. Es ist sicher geschickter, einen Preis von 495 Euro zu wählen statt 510 Euro.

10.1.5 Helft, das Preis-Leistungs-Verhältnis einzuschätzen

Ist der Preis gerechtfertigt? Das fragt sich jeder Kunde. Also helft ihm dabei. Wenn ihr von eurem Produkt, eurer Dienstleistung überzeugt seid (wovon wir ausgehen sollten), dann lasst es den Kunden testen! Vielleicht könnt ihr ein Muster kostenlos zur Verfügung stellen. Bei Software geht das beispielsweise einfach über eine kostenlose Testversion. Und zwar mit exakt den Features bzw. in der Ausprägung, die dann auch in der gekauften Lizenz bzw. dem Produkt enthalten ist. Ihr verkauft Bürostühle? Dann überlasst dem Interessenten den Stuhl eine Woche zum Testen. Die Firma Gefro (www.gefro.de) stellt laut eigener Aussage »Suppen, Soßen, Würzen und mehr …« her. Zum Geschäftsmodell von Gefro gehört es, den Kunden ein Probierpaket mit sieben Produkten kostenlos zuzusenden. Das schafft Vertrauen und macht es dem Kunden einfacher, sich zu entscheiden. Und damit unterstütz ihr auch euer Salesteam.

10.1.6 Kalkuliert über die Zahlungsbereitschaft

Die meisten Gründer und Vertriebler haben ein schlechtes Gewissen, wenn der Aufschlag auf den Einkauf zu hoch ist: »15 Prozent müssen doch reichen.« Hier sind wir wieder beim Cost-Plus-Pricing. Alles Quatsch. Nicht eure Kalkulation ist entscheidend, sondern – und jetzt heißt es aufpassen – entscheidend ist die Zahlungsbereitschaft des Kunden! Wenn beispielsweise die Autoindustrie ausschließlich nach dem Cost-Plus-Pricing kalkulieren würde, würde eine Metalliclackierung zwischen 30 und 40 Euro kosten. Tatsächlich kostet bei einem BMW die Metalliclackierung 890 Euro. Für 40 Euro gibt es als Sonderausstattung nur einen Aschenbecher mit Zigarettenanzünder. Ein anderes Beispiel: Vielleicht habt ihr den Satz »Pink zahlt drauf« schon einmal gehört. Dabei geht es um die geschlechterspezifische Preisdifferenzierung. Speziell für Frauen angebotene Produkte und Dienstleistungen sind gegenüber gleichartigen Erzeugnissen für Männer teurer. Dies betrifft häufig Produkte aus den Bereichen Körperpflege, Parfüms oder Friseurdienstleistungen. Kein Einzelthema, wenn sogar Wikipedia unter dem Begriff Pink Tax dazu einen Eintrag hat (https://de.wikipedia.org/wiki/Pink_Tax).

10.1.7 Steht zu eurem Preis

Immer wieder erlebe ich es: Der Preis wird mit zitternder und leiser Stimme genannt. Aber warum? Ihr habt euch (hoffentlich) im Vorfeld intensiv Gedanken gemacht, warum der Preis genau der ist, den ihr jetzt anbietet. Also nennt euren Preis selbstbewusst und gewährt Nachlässe nur sehr restriktiv. Gute Einkäufer merken sofort, wenn der Vertriebler unsicher ist.

Bereitet euch auch auf den Satz »Das ist zu teuer!« vor. Denn was sind die häufigsten Fehler bei einer Preisdiskussion? Dass zu viele ohne Widerstand einen Nachlass geben? Falsch! Dass die anderen direkt mit Gegenargumenten kommen? Auch falsch! Solange ihr die Hintergründe nicht kennt, werft den Ball doch zurück und fragt euer Gegenüber:

- Inwiefern zu teuer, lieber Kunde?
- Womit vergleichen Sie unseren Preis?
- Im Verhältnis zu was liegen wir Ihrer Ansicht nach zu hoch?
- Ich möchte sicherstellen, dass wir Äpfel mit Äpfeln vergleichen: Wo genau liegen Ihrer Ansicht nach die Unterschiede?

Und falls sich der Kunde auf günstigere Wettbewerbsangebote bezieht:

Wir hatten bereits darüber gesprochen, dass es im Bereich XY zum Teil erhebliche Unterschiede geben kann, was A und B betrifft: »Was hat Ihnen der Wettbewerber denn konkret angeboten?«

10.2 Die Preismodelle

Den richtigen Preis zu finden, ist eine Kunst.
Das richtige Preismodell zu finden, ist eine Wissenschaft.
Klaus Wächter

Habt ihr schon mal darüber nachgedacht, eure Dienstleistung zu verschenken? Oder sie über ein Abo-Modell anzubieten? Und was ist mit einer Auktion? Geht nicht, meint ihr? Das ist, mit Verlaub, Quatsch. Es gibt viele gute und kreative Möglichkeiten, das richtige Preismodell für das Produkt oder eine Dienstleistung zu finden. Und denkt ruhig quer. Welche Modelle lassen sich aus dem Offlinebereich ins Internet übertragen? Auktionen gibt es beispielsweise schon lange. Ebay hat diese Art ins Netz gebracht.

Gehen wir mal einige Preismodelle durch:

- **Dienstleistung kostenlos anbieten**. Beispiele: Google, Facebook. Die Erlöse werden z. B. über Werbeeinnahmen erzielt.

- **Freemium.** Beispiel: XING. Einfache Nutzer zahlen nicht. Premiummitglieder zahlen einen festen Betrag pro Quartal. Dazu werden Erlöse aus Werbeeinnahmen erzielt. Dieses Modell wird als Freemium bezeichnet.
- **Preis per Auktion festsetzen.** Beispiel: Ebay. Der Preis wird per Auktion festgesetzt. Ebay erhält eine Provision.
- **Miete.** Sixt bietet nun auch Langzeitmiete an als Alternative zum Autokauf. Kilenda (Kilenda.de) aus Magdeburg verleiht Babysachen.
- **Rückwärtsgewandte Auktion.** Hier geht im Gegensatz zur normalen Auktion der Preis runter. Der Auktionator erhält eine Provision.
- **Zahle, was du willst.** Ein Unternehmen aus der SaaS-Branche (Software as a Service) bietet den Kunden an, dass sie zahlen sollen, was sie wollen, sprich, was es ihnen wert ist. Zahlen aus der Praxis: Der niedrigste Umsatz pro Monat liegt bei fünf Euro, der höchste bei 100 Euro pro Monat. Im Schnitt erzielt das Unternehmen einen Umsatz von 23 Euro pro Monat und Kunde.
- **Flatrate.** Kennt man aus dem Bereich der Telekommunikation. Wird aber auch im Bereich Bürobedarf bereits eingesetzt. Beispiel: Office Depot
- **Abo-Modell.** Der Kunde erhält regelmäßig eine Lieferung. Beispiele: blacksocks.com (Socken), dailybread.eu (Unterwäsche), glossybox.de (Beauty Box für Kosmetik und Make-up)
- **Mitgliedschaft.** Der Kunde bindet sich über eine bestimmte Laufzeit an das Unternehmen. Beispiel: Fitnessstudio
- **Prime-Mitgliedschaft.** Bekannt durch Amazon. Die Prime-Mitgliedschaft kostet aktuell (Stand 07/2020) 7,99 Euro im Monat. Dafür erhalten Kunden den kostenlosen Versand ohne Mindestbestellwert sowie den Zugang zu Prime Video und Prime Music.
- **Kontingent.** Ideal für die Beratungsbranche. Der Kunde kauft ein bestimmtes Stundenkontingent und kann es innerhalb eines Jahres beliebig abrufen. Die monatliche Rechnung ist immer gleich. Dasselbe Modell haben Energiekonzerne eine Zeit lang übernommen. Der Kunde hat eine bestimmte Strommenge gebucht. War er am Ende des Jahres unter seinem angegebenen Verbrauch, hat er pro nicht verbrauchte Energieeinheit allerdings wenig zurückbekommen. War er über dem Wert, wurde es richtig teuer. Das war wohl auch der Grund, weshalb sich dieses Preismodell im Energiebereich nicht richtig durchgesetzt hat.
- **Modell Nachfüllprodukte.** Kennt jeder. Der Drucker ist preiswert, die Tinte richtig teuer. Männer kennen es auch bei Rasierern. Vielleicht auch für euch ein guter Ansatz. Erfunden hat es John D. Rockefeller. Ihm wird nachgesagt, er habe Öllampen kostenlos oder sehr günstig vermarktet, um über die unvermeidlichen Nachkäufe von Brennöl einen dauerhaften Absatz von Öl sicherzustellen.
- **Zielgruppen-Preismodelle.** Gezieltes Pricing, ob für Studenten, Rentner oder Familien. Im Bereich der Touristik gibt es beispielsweise spezielle Angebote für Singles.

- **Temporäre Preismodelle.** Bestimmte Preise gelten für einen konkreten Zeitraum oder an einem bestimmten Tag: der Familientag im Kino, günstigere Tarife am Abend oder am Wochenende, Sonderaktionen am sogenannten Black Friday.
- **Erfolgsprovision.** Ein Beispiel aus der Praxis: Die Firma Costconsult aus Hamburg überprüft für Unternehmen die eigenen Kosten – vom Abfallmanagement über die Energie und den Fuhrpark bis zu den Versicherungen. Finden die Berater entsprechendes Einsparpotenzial und setzen dies um, erhalten sie für die Arbeit eine Erfolgsprovision.
- **Pay-per-Use/Nutzungsbasierte Geschäftsmodelle.** Gezahlt wird nur die Nutzung. Bekannt ist dieses System im Bereich der Büromaschinen, also bei Kopierern und Druckern, oder bei Cloud-Dienstleistern. Inzwischen haben auch andere Branchen die Vorteile entdeckt. So bietet die Firma Winterhalter Gastronom GmbH, Hersteller von gewerblichen Spülsystemen für Hotellerie und Gastronomie, das Preismodell Pay-per-Wash an. Bezahlt wird nur der einzelne Waschvorgang. Ähnlich der Kompressoren-Hersteller Kaeser (Abrechnung der erzeugten Druckluft pro Kubikmeter) oder der Matratzenhersteller Elite SA im Hotelbereich (Abrechnung nach Anzahl der genutzten Nächte).
- **Preise mit Preisgarantie.** Ein Modell aus dem Einzelhandel. Es wird ein bestimmter Preis für ein Produkt festgelegt. Wenn der Kunde das Produkt erwirbt und ein Mitbewerber es in einem bestimmten Zeitraum günstiger anbietet, reduziert der Händler den Verkaufspreis nachträglich. Das schafft auf Seiten des Kunden ein sehr hohes Maß an Vertrauen.
- **Preiswette.** Stellt euch vor, ihr verkauft Sonnenbrillen in einem Onlineshop. Nun bietet ihr dem Kunden eine Wette an: Wenn es im nächsten Monat in seinem Wohnort nicht mehr als x Sonnenstunden gibt, erhält er eine Gutschrift auf seinen Kauf oder ein Geschenk.
- **Preismodell Bahncard.** Hier handelt es sich um Psychologie pur. Bei der Bahncard 50, 2. Klasse zahlt der Kunde aktuell 225 Euro. Dafür wird der Preis für jede Bahnfahrt um 50 Prozent reduziert. Dieser neue, reduzierte Preis ist bei längeren Strecken auf einmal wieder wettbewerbsfähig gegen Billigflieger und bei mittleren Strecken gegen die Fernlinienbusse. Normalerweise müsste der Bahnfahrer die Kosten für die Bahncard 50 mit in seine Berechnung berücksichtigen. Das macht er aber nicht, für ihn sind die Kartengebühren »verloren«. Das ist der Sunk-Cost-Effekt.
- **Preismodell Carsharing.** War es bei Mietwagen bisher üblich, einen Tagespreis mit einer Kilometerbegrenzung anzubieten, geht der Carsharing-Anbieter SHARE NOW (vorher car2go) anders vor. Hier zahlt der Kunde pro Minute – gerade in Großstädten eine interessante Alternative zum eigenen Auto.
- **Genderspezifische Preismodelle.** Das Verbraucherportal gutscheinsammler.de hat eine Untersuchung durchgeführt und erstaunliches festgestellt. Oft muss für Produkte, die eher Frauen durch ihre Farbe ansprechen, mehr gezahlt werden. Eine Packung Einwegrasierer für Frauen (pink) kostet 4,95 Euro, für Männer in der

blauen Variante nur 2,95 Euro. Und dabei handelt es sich um das gleiche Produkt. Die Untersuchung stellte aber auch fest, dass dies nicht unbedingt nur mit der Farbe zu tun hat. So kam auch heraus, dass Socken, Jeanshosen oder Körperpflegemittel generell für Frauen teurer sind. Anscheinend haben Unternehmen bei dieser Zielgruppe eine höhere Zahlungsbereitschaft festgestellt.

Denkt bei eurem Preismodell auch über andere Zahlungsmöglichkeiten nach. Könnt ihr euer Produkt oder eure Dienstleistung als Miete oder Leasing anbieten? Es ist schon ein Unterschied, ob ich als Kunde einmalig 2.490 Euro hinlegen muss oder monatlich vielleicht nur 95 Euro. Ihr müsst das Geld auch nicht vorlegen. Dafür gibt es spezielle Anbieter. Denkt auch über Ratenzahlung oder längere Zahlungsziele nach. Im Bereich der Energie bei Strom und Gasanbietern war das Thema Vorkasse ganz modern. Der Kunde erhielt einen sehr guten Preis, musste allerdings im Voraus zahlen.

Wie ihr seht, gibt es eine Menge von Möglichkeiten. Und ich kann euch nur auffordern: Macht euch Gedanken und spielt alle Preismodelle für euer Start-up durch.

10.2.1 Kreative Preismodelle

Ein Problem ist der Preisvergleich. Es gibt Produkte, die für Kunden keinen Unterschied ausmachen. Benzin ist so ein Beispiel. Dann sind Unternehmen oft im Preisvergleich bzw. im Preiskampf.

Was aber kann ich als Unternehmen dagegen tun? Wie komme ich aus dem Preisvergleich? Nur durch kreative Preismodelle.

Ich gebe euch ein Beispiel: Ich mache mit meiner Frau über das Wochenende gerne Kurztrips in europäische Städte. Donnerstag hin, Montag zurück, das ist für uns Entspannung pur. Und wenn ich durch eine Stadt schlendere, Zeit habe und die Sonne scheint, habe ich oft Lust auf ein Eis. Es gibt nichts Schöneres, als im Sommer ein Eis zu essen. Und wenn wir dann in der Stadt eine Eisdiele sehen, zieht es mich unweigerlich dorthin. Allerdings liegt die letzte Entscheidung bei meiner Frau. Wie sieht das Eis aus, welche Sorten gibt es und, vor allem, was kostet ein Bällchen Eis? Häufig sagt sie dann: Das Bällchen ist zu teuer. Dabei kennt sie nicht die Größe der Kugel (es gibt Unterschiede, ich bin Experte) bzw. die Qualität der Eissorten (auch da gibt es große Unterschiede). Was ich mit diesem Beispiel sagen will: Damit seid ihr mitten im Preisvergleich. Spielen wir ein paar Szenarien durch.

Preismodelle in Eisdielen

Szenario eins: Im Normalfall kostet jede Kugel Eis den gleichen Preis, zum Beispiel zwei Euro. Nicht sehr originell.

Wie könnte das Preismodell nun kreativer aussehen? Der Preis fällt mit jeder Eiskugel, also regressiv. Bällchen eins kostet zwei Euro, das zweite 1,80 Euro, das dritte 1,50 Euro. Wahrscheinlich wird der Kunde sich eher für ein weiteres Bällchen entscheiden als bei dem herkömmlichen Preismodell.

Szenario zwei: Meine Lieblingseisdiele hat ein ganz anderes Konzept. Diese Eisdiele aus Koblenz verkauft nur außer Haus, hat also keine Sitzplätze. Das Unternehmen hat drei Eisbecher in unterschiedlicher Größe. Der kleine Becher kostet 1,60 Euro und der Kunde kann höchstens zwei Sorten bestellen. Der mittlere Becher kostet 3,20 Euro und der Kunde kann bis zu drei Sorten wählen. Der dritte, große Becher für 4,80 Euro bietet bis zu vier Sorten. Jeder Becher wird nicht mit einem normalen Eiskugelportionierer gefüllt, sondern mit einer Spachtel. Der Becher wird vollgemacht, aber glatt verstrichen. Preisvergleich mit anderen Eisdielen? Nicht möglich! Jetzt habe ich gedacht, mehr an Preisinnovationen bei Eisdielen geht nicht. Denkste!

Szenario drei: Eine weitere Eisdiele. Mit welchem Preismodell? Nach Gewicht. Clever, wie ich finde. Besonders spannend: Du kannst dir das Eis selbst zusammenstellen. Und dann kommen die frischen Früchte, Saucen, Topics, Schokostreusel, Marshmallows, Rumkugeln, traditionelle Marken wie Oreo, M&Ms, Maltesers obendrauf. Und das Gewicht des Eisbechers steigt je nach Gaumenlust. Das eigene Körpergewicht wahrscheinlich auch. Und was kostet der Eisbecher? Erst beim Wiegen an der Kasse erfahre ich den Preis. Preisvergleich? Wieder keine Chance.

Andere Eisdielen bietet drei verschiedene Größen für eine Kugel Eis an: Mini, Normal und Maxi. Preisvergleich möglich? Wenn du die Größe der jeweiligen Kugeln im Blick hast, vielleicht. Ihr seht also, selbst Eisdielen können sich mit ihren Preismodellen vom Markt abheben.

Die BROKERS BIERBÖRSE

In einem Berliner Restaurant gibt es die BROKERS BIERBÖRSE. Die Bierbörse kennt keine festen Preise, zumindest nicht für die große Auswahl von 18 Biersorten der besten deutschen Premiumbiere, die frisch vom Fass ausgeschenkt werden.

Jeden Tag ab 17.00 Uhr geraten die festen Bierpreise in der Berliner Republik ins Wanken. Dann nämlich werden die Preise für die Biere dem freien Spiel des Marktes überlassen, Angebot und Nachfrage regeln den Preis, wie an der echten Börse.

Die Regeln sind einfach zu verstehen: Die Bestellung findet Eingang in den »Börsenrechner«, der permanent den jeweils aktuellen Kurs der einzelnen Biersorten auf Basis der Nachfrage errechnet. Die Kurse können von 1,60 Euro für das 0,3 l-Glas Bier bis zu einem astronomisch hohen, nach oben vollkommen offenem Preis reichen. Das Angebot der 18 Biersorten sorgt dafür, dass sich die weniger georderten Biere mit günstigen Preisen um die Gunst der Gäste bemühen. Auf Monitoren sehen die Durstigen, wie sich die Bierpreise entwickeln.

Die Kunden bezahlen also den Preis, der zum Zeitpunkt ihrer Order auf den Monitoren angezeigt wird. In unregelmäßigen Abständen passieren auch in dem Restaurant Börsencrashs. Die Bierpreise sacken plötzlich und unerwartet (fast) bis ins Bodenlose. Hier profitiert derjenige, der die Kurse aufmerksam verfolgt hat.

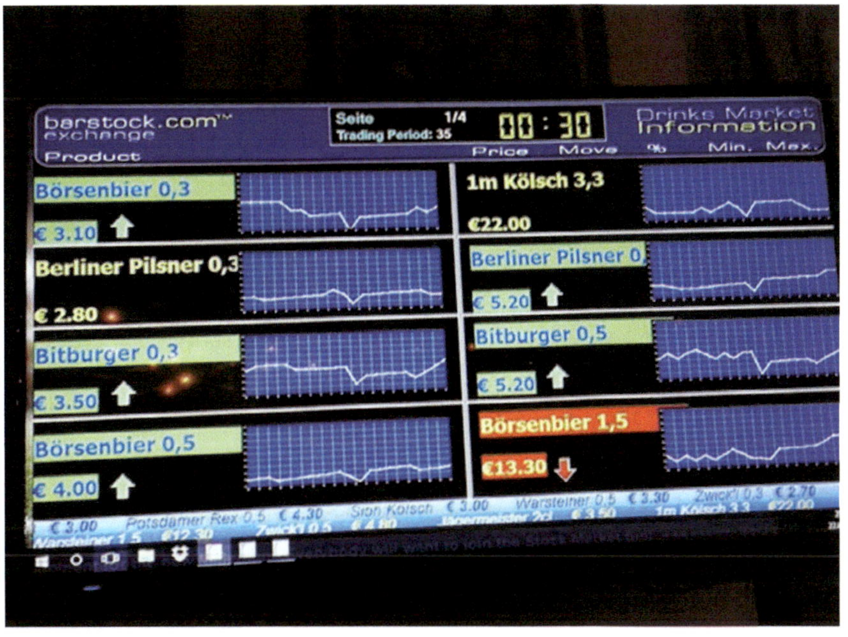

Abb. 18: Die Berliner BROKERS BIERBÖRSE (Quelle: https://www.facebook.com/pg/Die-Berliner-Republik-Brokers-Bierb%C3%B6rse-363018847075000/photos)

Ein kreatives Preismodell finden wir auch beim Toilettengang in Raststätten. Der Besuch der Toilette kostet 70 Cent, dafür erhält der Kunde einen Coupon über 50 Cent. Diesen Coupon kann er nun in der Raststätte einlösen. Somit kostet der Toilettengang eigentlich nur 20 Cent. Durch den Coupon ist der Kunde animiert, eine Ware zu kaufen, die in den meisten Fällen deutlich über dem Wert des Coupons liegt.

Zum Schluss noch ein Antibeispiel mit dem Hinweis an euch: Macht euer Modell bitte nicht zu kompliziert!

Vor kurzem war ich auf einer Webseite. Dort wird eine bestimmte Software angeboten. Drei Preismodelle stehen zur Auswahl: Dauerlizenz, lebenslange Lizenz und das Abonnement. Auf den ersten und zweiten Blick fand ich das (für den Kunden) sehr verwirrend. Erst als ich mich intensiver mit den Details beschäftigt hatte, konnte ich die Unterschiede feststellen. Preisklarheit geht anders.

10.2.2 Preismonitoring/Dynamic Pricing

Auf dieses Thema möchte ich ebenfalls kurz eingehen, auch wenn es von Start-ups eher selten eingesetzt wird. Es geht um das Dynamic Pricing: In den Zeiten von Big Data gehört der dynamische Preis in großen Unternehmen schon zum Inventar.

Ein grundsätzliches Problem für Unternehmen ist die Preistransparenz. Marktplätze und Preissuchmaschinen machen es für den Kunden sehr einfach, den besten Preis für ein Produkt zu finden. Der Kunde ist vor seinem Kauf also meist bestens informiert. Und das solltet ihr als Unternehmen auch sein. Aus diesem Grund sind Softwarelösungen aus dem Bereich Preismonitoring und Dynamic Pricing schon sehr sinnvoll. Die Software überwacht den Markt und ändert aufgrund der (von euch) vorgegebenen Regeln den Preis auf den verschiedenen Vertriebskanälen. Solche Lösungen können den Umsatz und auch die Marge steigern. Eine kleine Auswahl an Anbietern findet ihr in Kapitel 13 (Tools).

10.2.3 Rabatte und die Gefahren

Sicherlich ist es für junge Unternehmen nicht einfach, einen Preis selbstbewusst zu verkaufen. Da kommt der Vertrieb schnell auf die Idee, Rabatte zu gewähren.

! **Achtung**

Fünf Prozent Nachlass vernichten bei 25 Prozent Marge bereits 20 Prozent des Gewinns!

Drei Gefahren bei der Vergabe von Rabatten:

1. Gibt es dadurch wirklich ein Umsatzplus? Vielleicht kurzfristig. Aber es besteht die Gefahr, dass der Umsatz nur nach vorne verschoben ist, also verlagert wird. Wenn Rabatte vom Kunden vorhersehbar sind, dann werden seine Einkäufe in die Zeit verlegt, in der sie gewährt werden.
2. Die meines Erachtens größte Gefahr: Der rabattierte Preis wird der neue Referenzpreis. Menschen nehmen Preis immer nur relativ wahr, nicht absolut. Menschen lassen sich durch Preisanker und Referenzpreise beeinflussen. Das ist ein wichtiger Aspekt für Start-ups, die eine neue Lösung auf den Markt bringen, für die es noch keinen Mitbewerber gibt.
3. Falsche Erziehung! Nur wenn es einen Rabatt gibt, schlagen diese Kunden zu. Generell ist nur ein Teil der Kunden Schnäppchenjäger. Wenn vermehrt Rabattaktionen in den Markt gedrückt werden, dann erzieht ihr die Kunden zu Schnäppchenjägern. Die verschiedenen Kundentypen haben wir uns in Kapitel 8.4 ja bereits angesehen.

Der richtige Umgang mit Rabatten
Was solltet ihr also besser machen? Wenn ihr einen Rabatt geben müsst, dann immer mit einer vernünftigen Begründung.

Ein negatives Beispiel war die Aktion »20 Prozent auf alles, außer Tiernahrung« der Praktiker-Baumarktkette. Sie hat dem Unternehmen schließlich das Genick gebrochen.

Wenn ihr an einem Rabatt nicht vorbeikommt, dann vereinbart mit dem Kunden, dass ihr ihn als Referenz erwähnen dürft. Das macht sich, gerade bei jungen Unternehmen, immer gut. Das Ziel muss sein: Wenn ich dir etwas gebe (Rabatt), dann möchte ich dafür auch etwas von dir (Referenz).

Meine Empfehlung: Gebt statt eines Rabatts besser ein Extra obendrauf. Das kann ein zusätzliches Feature sein, ein weiterer Artikel oder ein attraktives Zubehör oder eine verlängerte Garantie. Das ist für euch deutlich günstiger – erinnert euch: Fünf Prozent Nachlass vernichten bei 25 Prozent Marge bereits 20 Prozent des Gewinns! – und der Kunde behält außerdem den ursprünglichen Referenzpreis im Kopf.

10.2.4 Payment

Gerade Start-ups kümmern sich um dieses Thema zu wenig und behandeln es stiefmütterlich. In Deutschland stehen euch ca. 40 Zahlungsarten zur Verfügung, von der Rechnung über die Kreditkarte bis zu PayPal. Die richtige Auswahl kann aber entscheidend sein für die Umsatzentwicklung eures Unternehmens. Kunden fühlen sich bei einigen Zahlungsarten wohler und sicherer als bei anderen. Und Kunden brechen den Kauf ab, wenn sie ein Problem bei der Zahlung sehen. Grundsätzlich kann man sagen, dass es eher zu einem Kauf kommt, je mehr Zahlungsarten in einem Kaufprozess angeboten werden. Für Payment-Lösungen gibt es eine Vielzahl von Anbietern, sogenannte Payment-Service-Provider (z. B. https://www.adyen.com/de_DE/ oder www.unzer.com/de). Diese liefern euch traditionelle und neue ePayment-Verfahren aus einer Hand. Das vereinfacht die Systemintegration, die Kosten und auch den zeitlichen Aufwand. Also beschäftigt euch rechtzeitig und intensiv mit dem Thema.

- Vergleicht die Anbieter und schließt nicht beim erstbesten ab.
- Schaut auf die Kosten.
- Sagt nein zu Einrichtungsgebühren oder Mindestumsätzen.
- Geht keine langjährigen Verpflichtungen ein und achtet auf die Laufzeit der Verträge.
- Verweigert Exklusivität.
- Prüft Referenzkunden und sprecht mit diesen.
- Schaut euch die Schutzmaßnahmen an (Kreditkartenbetrug).

- Prüft den Installationsaufwand.
- Schaut euch das Reporting des Payment-Anbieters an.
- Wenn ihr auf dem internationalen Markt agieren wollt: Hat der Anbieter auch dafür eine Lösung?

10.3 Preispsychologische Effekte

Nach der psychologischen Wirkung von Preisen werde ich in meinen Workshops immer wieder gefragt. Dabei geht es nicht um miese Tricks des Vertriebs, also wie ihr den Kunden über den Tisch zieht. Es geht darum, wie ihr unterbewusste Denkmuster der Kunden gezielt zur Steigerung von Umsätzen und Renditen nutzen könnt. Und davon gibt es einige.

10.3.1 Der Referenzpreis-Effekt

Die folgende Geschichte kommt aus den USA und wurde von dem bekannten US-amerikanischen Psychologen Robert Beno Cialdini aufgeschrieben – und ich erzähle sie immer wieder gerne. Sie handelt von dem Brüderpaar Sid und Harry. Die beiden betrieben in den 1930ern ein Kleidergeschäft in New York. Sid war der Verkäufer, während Harry der Schneider war. Wenn nun ein Kunde in den Laden kam und sich für einen Anzug interessierte, stellte sich Sid etwas schwerhörig. Und irgendwann fragte der Kunde, was der Anzug kostet. Sid drehte sich um und rief nach hinten in die Schneiderwerkstatt: »Harry, was kostet dieser Anzug?« Und Harry rief zurück: »Dieser schöne Anzug? Der kostet 42 Dollar.« Sid, der ja den etwas Schwerhörigen spielte, fragte noch einmal nach. Und Harry antwortet wieder: »42 Dollar.« Sid drehte sich zum Kunden um und sagte: »22 Dollar.« Der Kunde überlegte keinen Moment, legte die 22 Dollar auf den Tisch, nahm den Anzug, verschwand und freute sich über das vermeintlich gute Geschäft.

Was war passiert? Die Wahrnehmung von Preisen erfolgt nie losgelöst vom Kaufumfeld eines Kunden, sondern immer in Relation zu einem Referenzmaßstab. Und die 42 Dollar, die Harry aus der Schneiderwerkstatt rief, waren der Referenzpreis. Somit waren die 22 Dollar aus Sicht des Kunden ein Schnäppchen.

Solche Referenzpreise, auch Ankerpreise genannt, werden von Unternehmen häufig bei Aktionen genutzt. Ein Beispiel ist die Auszeichnung einer unverbindlichen Preisempfehlung. Ein gutes Beispiel kommt aus dem Autohandel. Beim Kauf eines Fahrzeuges nimmt der Käufer die zusätzliche Sonderausstattung immer in Relation zum Fahrzeugpreis wahr. Obwohl es hier oft um einige Tausend Euro geht, erhöht diese Zusatzausstattung den Gesamtpreis der Anschaffung nur um einige Prozent. Werden dagegen weitere Artikel, z. B. Winterreifen, später gekauft, ist der Referenzpreis verschwunden. Der Kunde hat dann eine erhöhte Preissensitivität.

10.3.2 Der Decoy-Effekt

Und wieder kann ich von einer spannenden Geschichte aus den USA berichten. In diesem Fall geht es um ein Experiment des amerikanischen Wissenschaftlers Dan Ariely. Das Experiment zeigt, dass durch eine unbedeutende Preisalternative der Abschluss eines Abonnements und damit der Umsatz um 43 Prozent dramatisch anstieg. Diese Vorgehensweise wird Decoy-Effekt (engl. *decoy*, Köder) genannt.

Die Details: In dem Experiment ging es um die Zeitschrift »The Economist«, die als Print- und als Onlineausgabe angeboten wurde. Den zwei Testgruppen wurde jeweils ein anderes Angebot gemacht. Die erste Gruppe hatte die Wahl zwischen dem Onlineabonnement für 59 US-Dollar und einem Kombiangebot (Print + Online) für 125 US-Dollar. Was passierte? 68 Prozent der Kunden entschieden sich für Lösung 1, also das Onlineangebot für 59 US-Dollar. 32 Prozent der Kunden wählten das Kombiangebot für 125 US-Dollar. Der durchschnittliche Umsatz betrug pro Kunde 80,12 US-Dollar.

Die zweite Gruppe erhielt dasselbe Angebot, allerdings mit einer zusätzlichen Alternative: Ein reines Printabonnement kostete ebenfalls 125 US-Dollar und somit genauso viel wie das Kombiangebot. Und dieses Printangebot war der Köder. Haben die Kunden den Köder geschluckt? Ja, das haben sie. Und hier die überraschenden Zahlen: Das Onlineangebot nahmen nur noch 16 Prozent an, das reine Printangebot keiner, und das Kombiangebot wurde nun von 84 Prozent der Kunden wahrgenommen. Aus einem durchschnittlichen Umsatz von 80,12 US-Dollar pro Abonnement wurde durch die Hereinnahme einer unbedeutenden Alternative (dem Köder) ein Umsatz von 114,44 US-Dollar.

Was ist hier passiert? Eine unattraktive Preisoption, das Printabonnement für 125 US-Dollar, ließ die hochpreisige Option des Kombipakets aus Print und Online mit ebenfalls 125 US-Dollar auf einmal günstiger aussehen. Dieses Beispiel zeigt, dass durch das Ergänzen einer preispsychologischen Alternative die Wahrnehmung des Kunden verändert wird, was wiederum zu Umsatzsteigerungen führen kann.

Gruppe 1		
Option	**Preis**	**Kauf**
Online-Abonnement	59 $	68 %
Print- und Online-Abonnement	125 $	32 %
Durchschnittlicher Umsatz pro Abonnement	**80,12 $**	

Gruppe 2		
Online-Abonnement	59 $	16 %
Print-Abonnement	125 $	0 %
Print- und Online-Abonnement	125 $	84 %
Durchschnittlicher Umsatz pro Abonnement	**114,44 $**	

Das Decoy-Experiment: Gruppe 1 und 2 im Vergleich

10.3.3 Der Kompromiss-Effekt

Leider sehe ich es immer wieder, dass Unternehmen ihren potenziellen Kunden maximal zwei Angebotsvarianten anbieten. Der Kompromiss-Effekt zeigt aber eindeutig, dass es einer dritten Alternative bedarf.

Dabei sollte das mittlere Angebot von Leistung und Preis auch zwischen den beiden anderen Varianten liegen. Der Grund liegt auf der Hand: Kunden tendieren in ihrer Preiswahrnehmung im Zweifel dazu, die Mitte zu wählen. Warum ist das so? Wenn Kunden nicht genau wissen, was ein Produkt kosten darf, dann entscheiden sie sich für die Mitte. Dies stellt das geringste Risiko dar. Dieses Denkmuster, das als Magie der Mitte bezeichnet wird, unterstreicht, welch starken Einfluss die Anzahl der angebotenen Alternativen auf das Kaufverhalten haben kann.

10.3.4 Der Odd-Price-Effekt

Auf diesen Effekt gehe ich nur kurz ein. Es geht um den ungeraden Preis, also den Preis, der mit einer Neun endet. Eigentlich ist es doch egal, ob der Kunde 9,99 Euro oder 10 Euro zahlt. Tatsächlich ist es aber so, dass wir von links nach rechts lesen und so die 9,99 Euro nicht als 10 Euro wahrgenommen wird. Angeblich enden 50 Prozent der Preise mit einer Neun.

10.3.5 Der Framing-Effekt

Der Framing-Effekt wird auch als Eckartikel-Effekt bezeichnet. Kein Kunde kennt alle Preise, häufig nur die von einigen Artikeln. Wenn nun das Unternehmen genau bei diesen Eckartikeln günstig ist, geht der Kunde davon aus, dass auch die anderen Artikel bei diesem Händler günstig sind. Ein gutes Beispiel findet sich erneut im Büromaterialsegment. Große Händler bieten Eckartikel wie Klopapier, Ordner und Textmarker extrem günstig an. Diese Preise kennt der Kunde auch. Viele weitere aber eben nicht mehr – und ein Bürobedarf-Händler hat im Schnitt 25.000 Artikel im Sortiment. Hier nun kann der Händler seine Marge ziehen, das heißt, er kann deutlich höhere Preise verlangen und davon ausgehen, dass die Kunden diese auch akzeptieren.

10.3.6 Der Endowment-Effekt

Wer sich darüber Gedanken gemacht hat, wieso in einem Autohaus immer nur Vorführwagen mit allen Extras ausgestellt sind, bekommt nun die Antwort. Es handelt sich dabei um den Endowment- oder Besitztums-Effekt. Der Kunde sieht sich im Autohaus ein Auto an und entscheidet sich für den Kauf. In seinem Kopf besitzt er das Auto schon. Nun geht es aber an den Preis und da müsste er eigentlich einige Sonderausstattungen streichen. Das aber bereitet dem Kunden fast schon körperliche Schmerzen, denn es gehört doch eigentlich alles schon ihm. Die Hypothese dahinter: Menschen tendieren dazu, ein Produkt wertvoller einzuschätzen, wenn sie es besitzen. Wenn ihr euren Kunden also eine Testversion eures Produktes gebt, dann stattet es mit allen Extras und Features aus. Das erhöht die Chancen, dass sie sich auch das gesamte Paket leisten möchten.

10.3.7 Der Separations-Effekt

Dieser Effekt beschreibt die Trennung zwischen Zahlung und Nutzung. Kunden haben eine Präferenz für Preismodelle, die ihnen vorab eine Kostenkontrolle garantieren.

Der Separations-Effekt wird z. B. bei Telefonie-Flatrates oder All-inclusive-Angeboten im Hotel eingesetzt. Selbst wenn die Einzelabrechnung für den Kunden günstiger wäre, ziehen die meisten ein Flatrate-Angebot vor. Für den Kunden sind solche Lösungen reizvoller, da er sich nun keine Gedanken mehr über anfallende Kosten machen muss.

10.3.8 Das Paradox of Choice

Das Paradox of Choice oder das Auswahlparadox habe ich euch in Kapitel 8.4 vorgestellt. Es ging dort um den Marmeladentest. Kurz zusammengefasst besagt es: Je größer die Auswahl für den Kunden ist, desto attraktiver wirkt das Angebot auf ihn. Gleichzeitig: Je kleiner die Auswahl, desto leichter fällt die Entscheidung zwischen den Produkten und damit die Kaufentscheidung.

TAKE AWAY

- Analysiert den Markt und eure Mitbewerber.
- Zieht kreative Preismodelle in Erwägung – vielleicht könnt ihr euch damit abheben.
- Seit kreativ und mutig – ihr seid ein Start-up.
- Keep it simple – macht euer Modell nicht zu kompliziert.
- Kümmert euch als Online-Shopbetreiber auch um den Preismonitor und Dynamic Pricing.
- Geht vorsichtig mit Rabatten und Nachlässen um – steht zu eurem Preis.
- Achtet beim Payment (Thema Preis) auf den richtigen Anbieter.
- Schaut euch die preispsychologischen Effekte an.

11 Baustein 8: Marketing

Von Henry Ford gibt es viele Zitate zum Thema Vertrieb. Hier vielleicht eines der Schönsten:

> *Marketing ist wichtig! Der Beweis: Enten legen ihre Eier in Stille. Hühner gackern dabei wie verrückt. Was ist die Folge? Alle Welt isst Hühnereier.*
>
> Henry Ford

Beginnen wir mit einer Definition von Marketing: »Marketing ist die gezielte und zielgruppenorientierte Ausrichtung der Unternehmensaktivitäten an den Bedürfnissen des Marktes, insbesondere das Anpreisen und Anbieten von Waren und Dienstleistungen.« (Quelle: https://www.gruenderszene.de/lexikon/begriffe/marketing). Das ist schwere Kost. Ich möchte euch auch nicht mit zu viel Theorie belästigen, sondern praktisch einsteigen.

»Umsatz kann man kaufen!« Diesen Satz hat mir mal ein erfolgreicher Gründer nach einer Veranstaltung an der Bar gesagt. Zuerst war ich etwas verwundert. Aber tatsächlich, Umsatz kann man sich erkaufen.

Es gilt eigentlich nur zwei Fragen zu klären:

1. Wie hoch ist euer Budget?
2. Rechnet sich die Investition?

Meist scheitern Start-ups schon an dem ersten Punkt, dem Budget, denn das ist häufig begrenzt.

Nun gibt es eine Vielzahl von allgemeinen Marketingmaßnahmen, unabhängig von Unternehmensstatus oder -größe. Ich könnte dieses Kapitel ausweiten, indem ich alle Maßnahmen ausführlich beschreibe. Ich habe mich entschlossen, das nicht zu tun und zwar aus folgenden Gründen:

- Einige Marketingmaßnahmen sind selbstverständlich. So benötigt jedes Unternehmen eine Webseite. Das dürfte jedem Gründer klar sein.
- Einige Maßnahmen sind ausreichend bekannt. Nehmen wir z. B. SEO oder Facebook-Marketing. Zum einen gibt es hierzu jede Menge Fachliteratur. Zum anderen sind die Veränderungen in diesen Bereichen sehr schnelllebig. Kaum ist ein Buch auf dem Markt, haben sich die Bedingungen wieder geändert.
- Einige Maßnahmen sind sehr teuer. Kosten, die von Start-ups mit kleinem Budget kaum gestemmt werden können.

Ich konzentriere mich im Folgenden auf Maßnahmen, die zu Start-ups passen bzw. für diese vor und bei Gründung relevant sind – und leider immer wieder vergessen oder ignoriert werden. Wer sich über andere Lösungen informieren möchte, den verweise ich auf entsprechende Fachliteratur.

Wenn ihr euch mit den Werbemöglichkeiten und Werbeformen beschäftigt, solltet ihr immer diese Fragen im Kopf haben:

1. Wen wollt ihr erreichen? Wer ist eure Zielgruppe?
2. Wie hoch ist euer Marketingbudget für welchen Zeitraum?

11.1 Marketing mit kleinem Budget

Für Marketing können Unternehmen viel Geld ausgeben. Da gibt es nach oben praktisch keine Grenzen. Allerdings sind die Leser dieses Buches Gründer oder junge Unternehmer. Und da dürfte das Werbebudget begrenzt sein. Aus diesem Grund findet ihr in der Folge die Marketingmaßnahmen, die mit kleinem Etat auskommen und trotzdem Erfolg versprechend sind. Ich habe bewusst nicht alle Marketingkanäle aufgeführt, sondern Ideen zusammengestellt, die nicht so bekannt sind oder oft nicht beachtet werden.

11.1.1 Affiliate-Marketing

Affiliate-Marketing ist vielleicht eines der ältesten Vertriebsmodelle. Bereits vor hunderten von Jahren haben Kunden anderen Kunden ein Unternehmen empfohlen. Dafür haben die Empfehlungsgeber eine Provision erhalten. Ein erfolgreiches Modell, denn gerade Freunden und Bekannten vertraut man und nimmt einen Tipp, der auf Erfahrung beruht, gerne an.

Das im deutschsprachigen Raum bekannteste und größte Affiliate-Netzwerk ist AWIN (www.awin.com), entstanden 2017 unter anderem durch einen Zusammenschluss von mehreren bekannten Affiliate-Netzwerken. Im Jahr 2019 war AWIN an 15 internationalen Standorten vertreten. Im Unternehmen sind rund 1.000 Mitarbeiter beschäftigt und mehr als 200.000 Publisher aktiv. Ca. 15.500 Advertiser bieten Kunden ihre Produkte in 180 Ländern an.

Hier ein Beispiel für das Angebot von WEBER GRILL (Weber-Stephen Deutschland GmbH) aus dem Affiliate-Netzwerk AWIN:

Auszug aus dem Partnerprogramm:

- Als einer der führenden Anbieter mit der größten Vielfalt an Grillprodukten und Services weltweit steht Weber als Synonym für Innovationen rund ums Grillen, perfekte Grill-Produkte und die ultimative Grill-Erfahrung. Wir haben das größte Portfolio an qualitativ hochwertigen Grills für jeden Konsumenten. Mit mehr als 300 Grillzubehör-Produkten eröffnet Weber ganz neue Möglichkeiten des Grillens.

- Darüber hinaus bieten wir eine große Auswahl an Grillkursen vom perfekten Steak über Fisch bis hin zum vollwertigen vegetarischen Gericht. Mit der Weber Grill Academy perfektionieren Grillfans ihre Fähigkeiten und lernen die Weber Art zu grillen.

Programm-Vorteile:

- Innovative Produkte von höchster Qualität mit der größten Auswahl an Grills und einem umfangreichen Angebot an Grill-Zubehör
- 10 Prozent Provision für jeden gültigen Verkauf eines Grills oder Zubehör-Produkts
- 30 Tage Cookie-Zeitraum
- Stetig aktualisierte Produkt-Feeds
- Durchschnittlicher Warenkorbwert über 120 €
- Banner in Standardformaten
- Inspirierender Web-Shop mit hoher Nutzerfreundlichkeit und hoher Conversion Rate
- Versandkostenfreie Lieferung für Bestellungen ab 49 Euro

Hier seht ihr, wie das Unternehmen die Grills und das Zubehör über ein Affiliate-Netzwerk vermarktet. Angesprochen werden Hobbyköche, die sich auf ihrer eigenen Webseite, im Blog oder als Influencer mit dem Thema beschäftigen und etwas nebenbei verdienen wollen.

Wenn ihr euch bei einem Affiliate-Netzwerk listen lasst, dann kostet das natürlich Geld. Und auch von jedem Umsatz müsst ihr etwas abgeben. Selbstverständlich könnt ihr auch das Affiliate-Marketing in Eigenregie durchführen. Das würde ich Start-ups aber nicht empfehlen. Der Einsatz eines bestehenden Netzwerkes ist schnell und relativ einfach, der Aufbau eines eigenen Tools dagegen sehr aufwendig. Allein die Suche nach geeigneten Partnern, sogenannten Publishern, ist mühsam und kostspielig. AWIN hat bereits 200.000 Publisher unter Vertrag, alles potenzielle Partner für euch.

11.1.2 Autowerbung

Das ist ein Werbemedium, das jeder Handwerker nutzt, doch kaum ein Start-up. Aber warum? Aus meiner Sicht spricht grundsätzlich nichts dagegen und einiges dafür. Die Kosten für das Bekleben von Fahrzeugen sind gering. Je nach Form, Farbe und natürlich Größe gibt es die Folien schon für deutlich unter 100 Euro. Vielleicht haben auch Mitarbeiter, Familienmitglieder oder Freunde Lust, Werbung für euer Start-up zu fahren. Und falls die Freundschaft nicht hält oder das Auto verkauft wird: Die Klebefolie lässt sich leicht wieder entfernen.

Meine Empfehlung: Lasst euch dazu auf jeden Fall einmal unverbindlich von einem regionalen Anbieter beraten und seid bei der Gestaltung kreativ bzw. lasst Kreativität zu. Denn überlegt mal, wie oft ein Auto jeden Tag im Stadtverkehr, auf der Autobahn oder am Straßenrand gesehen wird.

11.1.3 Außenwerbung

Kommt Außenwerbung in die Schublade »Old School«? Ganz im Gegenteil. Je nach Geschäftsmodell kann Außenwerbung ein sehr interessantes Werbemedium sein. Zur Außenwerbung gehören Dauerwerbung (z. B. an Hauswänden), Verkehrsmittelwerbung (Busse, Bahnen oder Taxis), Stadtmöblierung (City-Lights, Säulen) oder Digital Signage (digitale Werbebildschirme). Über Onlinetools der entsprechenden Anbieter könnt ihr euch die Standorte der Plakatwände, Busstationen usw. ansehen und die Werbekosten genau berechnen. Gerade wenn ihr regional werben wollt, ist das eine interessante Alternative. Auch erreicht ihr über die klassische Außenwerbung potenzielle Kunden, die neue Medien vielleicht nur eingeschränkt nutzen.

Und ihr habt gute Chancen, über kreative Ideen starke Aufmerksamkeit zu erzeugen und neugierig zu machen.

Abb. 19: Kreative Außenwerbung am Beispiel SIXT (Quelle: https://www.pinterest.at/pin/326581410459050011)

11.1.4 BNI-Netzwerke

Ein Marketingkanal, den kaum ein Start-up auf dem Schirm hat: Business Network International (BNI) ist ein weltweites Unternehmernetzwerk für gegenseitige Geschäftsempfehlungen. Auch im deutschsprachigen Raum gibt es BNI-Netzwerke in nahezu jeder größeren Stadt mit inzwischen mehr als 300 Chaptern, so die Bezeichnung der einzelnen Vertretungen.

Was passiert nun in so einem Chapter? Ziel ist es, mehr Umsatz durch neue Kontakte und Geschäftsempfehlungen zu erhalten. Dabei sollen BNI-Mitglieder andere BNI-Mitglieder empfehlen und Kontakte vermitteln. Um das zu gewährleisten, müssen sich die Mitglieder kennenlernen und austauschen. Die Netzwerke sind festen Regeln unterworfen. Eine Regel ist das regelmäßige Treffen. Einmal pro Woche, immer morgens um sieben Uhr, treffen sich die Mitglieder zum Austausch und gemeinsamen Frühstück. Das Treffen dauert immer 90 Minuten, sodass der Unternehmer danach seinen eigentlichen Arbeitstag beginnen kann. Anwesenheit ist Pflicht. Wer nicht kann, muss einen Vertreter schicken. Wer Lust und Interesse hat, kann sich zu einem Netzwerktreffen in seiner Region anmelden (www.bni.de). Die Kosten pro Jahr von ca. 1.000 Euro für die Mitgliedschaft (zzgl. der Kosten für das Frühstück) mögen erst einmal erschrecken. Aber viele Unternehmer haben einen positiven Return-on-Investment.

Meine Meinung dazu: Man muss das Konstrukt mögen. Aber die Zahlen sprechen für sich. Aus diesem Grund empfehle ich jedem Unternehmer, sich einmal zu solch einem Treffen in der Nähe anzumelden und sich dann eine Meinung zu bilden. Wenn ihr im B2C-Umfeld unterwegs seid, dann dürfte es vielleicht einfacher sein, über diesen Kanal Umsatz zu generieren. Ich persönlich kenne Start-ups, die auf die BNI-Netzwerke schwören.

11.1.5 Vorträge/Fachartikel

Ihr gründet ein Unternehmen. Vielleicht mit einer innovativen Idee? Oder ihr habt ein spannendes Geschäftsmodell? Eine interessante Marketingmaßnahme ist die Positionierung als Experte. Also sucht euch Fachzeitschriften und Blogs aus eurer Branche heraus. Schreibt am besten zu einem speziellen Thema in der Branche, werdet Experte in einer Nische, z. B. Digitalisierung im Handwerk. Klappt dieser Weg? Ich antworte mit einem klaren Ja. Ich selbst schreibe regelmäßig Artikel in Zeitschriften für Start-ups. Wenn dann die Überschrift etwas provokativ ist (»Die 15 ultimativen Vertriebstipps für Start-ups«), dann bauen die Redakteure solche Artikel gerne in ihre Zeitschrift ein. Ist die Resonanz gut, folgen Vorträge vor dem entsprechenden Fachpublikum, also eurer Zielgruppe.

11.1.6 Influencer-Marketing

Im Kern geht es beim Influencer-Marketing darum, dass jemand, der möglichst vertrauens- und glaubwürdig ist, öffentlich eine positive Aussage über das Unternehmen oder das entsprechende Produkt macht. Gut ist natürlich, wenn dies authentisch geschieht, also wenn der Influencer zum Produkt oder zur Marke passt. Bei den Influencern mit einer sehr großen Reichweite, meist im siebenstelligen Follower-Bereich, muss man die Personen in zwei Gruppen unterteilen: Stars aus Bereichen wie zum Beispiel Sport, TV oder Musik, die gleichzeitig in sozialen Medien, meist auf Instagram oder YouTube, extrem präsent sind. Zum anderen Influencer-Stars, die es praktisch aus eigener Kraft geschafft haben, sich zu einer eigenen Marke aufzubauen. Das Problem für Start-ups ist, dass diese Stars meist sehr hohe Summen verlangen.

Dagegen können Micro-Influencer mit einigen hundert bis zu einhunderttausend Followern für junge Unternehmen sehr interessant sein. Ihr könnt sie euch leisten und sie sind eurer, zumindest anfänglichen, Zielgruppe sicher näher und dadurch authentischer als Kollegen mit einigen Millionen Followern.

11.1.7 Exkurs: Experteninterview mit Sarah Kübler

Liebe Sarah, bitte stelle dich kurz vor.

Mein Name ist Sarah Kübler, Gründerin und Geschäftsführerin der Hitchon GmbH. Hitchon habe ich im Jahr 2015 gegründet. Wir helfen Unternehmen, ihre Zielgruppe mit eigenen Inhalten durch Influencer-Marketing zu erreichen. Aktuell haben wir an den Standorten Mainz und Hamburg 32 Mitarbeiter. Hitchon hat eine Database mit über 33.000 Influencer-Profilen (Stand: 06/2020). Zu unseren Kunden gehören namhafte Firmen wie das ZDF oder TUI, aber auch kleine und mittelständische Unternehmen.

Wieso ist Influencer-Marketing für Start-ups wichtig?

Videos dominieren den Internetverkehr, die Nutzerzahlen von YouTube gehen in die Milliardenhöhe, Instagram und Twitter können mittlerweile knapp eine halbe Milliarde Nutzer verzeichnen.

Influencer-Marketing bedeutet nichts anderes, als Personen mit einer mehr oder weniger großen Reichweite auf Social-Media-Kanälen für eigene Marketingzwecke zu gewinnen. Start-ups profitieren von der Glaubwürdigkeit und einem geringen Streuverlust. Entscheidend sind aber immer die Marketingziele sowie das Marketingbudget.

Drei Gründe sprechen insbesondere für Influencer-Marketing für Start-ups und junge Unternehmen:

1. Influencer bewerben nur Produkte oder Dienstleistungen, die auch zu ihrem Kanal, sprich zu ihren Usern, passen. Damit ist der Streuverlust, also der Anteil des Marketings, der verpufft, gering. Eine gute Agentur checkt zudem vorab genau die Zielgruppe des Channels (Demografie, Geografie, Interessen der User etc.), sodass die passenden Köpfe klar identifiziert werden können.
2. Influencer nehmen Unternehmen die Arbeit ab, da sie den Content selbst produzieren.
3. Influencer-Marketing ist bereits mit einem kleinen Budget machbar.

Influencer-Marketing ist keine Neuerfindung. Doch in Zeiten, in denen die Social-Media-Kanäle kaum mehr wegzudenken sind, bieten sich ganz neue Möglichkeiten, um »Einflussnehmer« der eigenen Zielgruppe für seine Werbezwecke einzusetzen – insbesondere für Gründer.

Wo kann ein Start-up Influencer-Marketing einsetzen?

Zuerst einmal kann man sagen, dass dieser Kanal sehr vielseitig ist. Ideal sind natürlich Produkte, die man im Bild festhalten kann. Ein weiteres Beispiel ist, wenn der Influencer die Dienstleistungen auf einem YouTube-Video testet. Wichtig ist immer, sich ein genaues Kampagnenziel zu setzen. Für die Steigerung der Markenbekanntheit, Imagekampagnen, Conversion-Driven-Kampagnen oder als Promotion für eine Veranstaltung eines Unternehmens ist Influencer-Marketing ideal.

Wie findet ein Start-up den richtigen Influencer?

Der Influencer muss zum Start-up und zum Produkt oder Dienstleistung passen. Dafür ist es natürlich wichtig, dass das Unternehmen seine Zielgruppe kennt. Die Merkmale der Zielgruppe werden dann mit den Followern der möglichen Influencer abgeglichen. Dabei spielen wichtige thematische Kategorien des Influencers, wie z. B. Sport, Reisen, Beauty, etc. wie auch die Anzahl der Follower und Abonnenten, die Interaktionen der Fans mit seinem Content eine entscheidende Rolle. Ein Hinweis zu der Reichweite: Wenn das Start-up seinen Markt in Deutschland hat, so nützt es nichts, wenn ein Großteil der realen Follower des Influencers aus den USA kommt, daher immer im Vorfeld einer Kampagne den Influencer-Channel auf Herz und Nieren prüfen.

Was sind die größten Fehler beim Influencer-Marketing?

Teilweise schauen Kunden nur auf die Reichweite. Tatsache ist aber, dass Micro-Influencer im Kommen sind. Sie sind meist in einer Nische unterwegs, bedienen somit die eine spitze Zielgruppe effektiver. Und je effektiver das Unternehmen die Zielgruppe erreicht, desto höher ist die Erfolgswahrscheinlichkeit der Kampagne. Entscheidend ist also die Auswahl der richtigen Influencer. Wir greifen dafür auf eine große Datenbank und eine Vielzahl von Tools zu.

Sarah, zum Schluss muss eine Frage erlaubt sein. Ein Kritikpunkt wird immer wieder laut: Schleichwerbung. Was sagst du dazu?

Wie in jeder Branche gibt es auch im Influencer-Marketing schwarze Schafe. Wichtig ist eine transparente Kennzeichnung von Werbung, dann ist diese für die Fans auch kein Problem. Es ist eine Tatsache, dass man Menschen mehr glaubt als Marken. Und Influencer-Marketing fand auch früher schon offline statt: Jeder kennt den Tupperware- oder Thermomixabend. Dort präsentiert ein, oft nebenberuflicher, Mitarbeiter des Unternehmens seinem Bekanntenkreis das oder die Produkte. Alle Anwesenden wissen, dass diese Präsentation nicht umsonst geschieht. Aber die Glaubwürdigkeit ist dennoch viel höher als über einen Prospekt oder einen Onlineshop. Nichts anders ist das Influencer-Marketing. Die Kunst ist nur, den richtigen Influencer für das Start-up zu finden. Und eine saubere Kennzeichnung ist selbstverständlich Pflicht!

Liebe Sarah, ich danke dir für das Interview.

11.1.8 Messen

Messen sind für Start-ups meiner Meinung nach eigentlich immer interessant. Voraussetzung ist natürlich, dass es die richtige Messe ist. Also eine, auf der eure Zielgruppe wenigstens zu einem großen Teil vertreten ist. Der Vorteil ist, dass ihr in kurzer Zeit eine große Anzahl an Kontakten knüpfen könnt. Kontakte, die ihr sonst weit mühsamer herstellt. Gerade Messebesucher haben Interesse an Neuerungen auf dem Markt und nehmen sich daher auch für Start-ups Zeit. Nutzt dies aus und macht euch auf der Messe interessant. Eine Anmerkung dazu: Dieses Buch habe ich Mitte 2020 geschrieben, also während der Corona-Krise. Nahezu alle Messen wurden abgesagt und viele Experten sind der Meinung, dass es sie in der herkömmlichen Form nicht mehr geben wird. Der Meinung bin ich nicht. Allerdings werden erst die nächsten Jahre zeigen, wie es sich entwickelt. Vielleicht gibt es nur noch virtuelle Messen. Das würde die Kosten senken, aber wahrscheinlich auch die Erfolgsaussichten. Also bleibt dran an dem Thema.

PRAXISTIPP

Fragt bei dem Messeveranstalter nach Sonderkonditionen für Start-ups. Die gibt es eigentlich immer. Je nach Bundesland und Messe gibt es auch Fördergelder für eine Teilnahme an der Messe.

Aber unterschätzt nicht den Aufwand und vor allem die Vorbereitung für eine Messe. Wenn ihr die Kosten berechnet, denkt auch an Reise- und Übernachtungskosten. Typisch für Start-ups: Die Messe wird zu spät und nebenbei geplant. Dafür ist der Messeauftritt zu teuer und zu wichtig. Also nutzt die Checkliste (den Zugangscode findet ihr am Ende des Buches), geht rechtzeitig an die Arbeit und bestimmt einen Verantwortlichen.

Ist euer Budget für einen eigenen Stand doch zu knapp? Dann nehmt an der Messe als Besucher teil und lernt euren Markt kennen. Oft haben potenzielle Kunden einen Stand auf der Messe und ihr kommt mit den Mitarbeitern vor Ort ins Gespräch. Aber seid nicht enttäuscht, wenn die Resonanz nicht berauschend ist. Am Messestand sind eher Vertriebsmitarbeiter. Und die wollen eher etwas verkaufen statt einkaufen. Aber ihr könnt auf jeden Fall die richtigen Ansprechpartner herausfinden und habt schon mal einen Anknüpfungspunkt.

Auf www.auma.de/de und www.messen.de könnt ihr euch einen guten Überblick über laufende und kommende Messen verschaffen.

11.1.9 Paketbeilagen

Einer der reichweitenstärksten und günstigsten Offline-Werbemaßnahmen ist die Paketbeilage. Die Kosten sind so gering, weil kaum zusätzliche Kosten für den Versand anfallen. Drei Vorteile hat die Paketbeilage: Zum einen werden Kunden immer erreicht. Zum zweiten sind die Kunden beim Öffnen des Paketes sehr aufmerksam und meist in einer positiven Erwartungshaltung. Schlussendlich könnt ihr die Zielgruppe sehr gut bestimmen. Auch für diese Werbeform gibt es professionelle Anbieter.

11.1.10 Googles My Business

Gelbe Seiten waren gestern. Inzwischen suchen immer mehr Menschen nach Produkten und Dienstleistungen online. 33 Prozent aller mobilen Suchvorgänge beziehen sich auf den Standort (https://www.thinkwithgoogle.com/data/location-based-search-statistics). Mit Google My Business könnt ihr eure Onlinepräsenz einfach und schnell verwalten. Bezieht auch die Google-Suche und Google Maps mit ein. Mit dem kostenlosen Tool könnt ihr nicht nur Öffnungszeiten, Telefonnummer, Standort und zentrale Dienstleistungen optimal für den Suchenden aufbereiten, sondern auch mit Videos, Nachrichten und Fotos in Interaktion mit ihnen treten. Großer Vorteil: einfach, kostenlos und ideal für die Gewinnung von Neukunden. Google My Business gehört schon fast zum Standard und ist weit mehr als ein Brancheneintrag.

11.1.11 Webinare

Ein Webinar ist vereinfacht gesagt ein live im Internet stattfindendes Seminar. Das Webinar wird in Echtzeit ausgestrahlt. Dabei haben die Teilnehmer die Möglichkeit, dem Referenten während des Seminars per Chat Fragen zu stellen. Webinare haben Hochkonjunktur, denn sie haben viele Vorteile. Gerade im B2B-Bereich und bei erklärungsbedürftigen Produkten oder Leistungen sind sie ein ideales Marketingtool. Im Endeffekt benötigt ihr eine Software (z. B. www.zoom.us, www.mikogo.de oder www.spreed.eu), einen PC mit Kamera und Mikrofon sowie eine gute Präsentation. Aber natürlich müsst ihr bei der Auswahl der Technik darauf achten, dass Bild, Ton, Aufrufe und Stabilität während des gesamten Webinars in professioneller Qualität gewährleistet sind. Denn es ist euer Auftritt nach außen.

Die Vorteile von Webinaren:

- ideal zur Leadgenerierung, da sich die Teilnehmer anmelden müssen
- sehr gute Kundenbindung
- preiswertes Marketingtool, Software ca. 200 Euro/Jahr
- persönliche Bindung durch Bild und Ton, was Vertrauen aufbaut
- Zeit und Raum, egal von wo und wann
- Feedback – ein direkter Dialog mit den Kunden ist möglich
- Wiederverwertbarkeit – Webinare werden aufgezeichnet und können über weitere Kanäle, z. B. YouTube, bereitgestellt werden.

11.1.12 XING/LinkedIn

Die beiden sozialen Netzwerke XING und LinkedIn sind gerade im geschäftlichen Umfeld sehr interessant. Vor allem im B2B-Bereich sind die beiden Plattformen eine Alternative zu Facebook. XING ist im DACH-Raum mit 16 Millionen Mitgliedern etwas größer als LinkedIn. Der Konkurrent aus Kalifornien hat weltweit 600 Millionen Mitglieder, im DACH-Raum 13 Millionen. Wer also sein Unternehmen international aufbauen will, sollte LinkedIn nutzen. Die Werbemöglichkeiten auf beiden Plattformen sind vielfältig. Schaut euch, wenn ihr sie nicht längst kennt, beide Netzwerke auf jeden Fall einmal an.

Sie sind auf jeden Fall eine gute Methode, potenzielle Kunden zu finden. Eine Herausforderung: Wer ist der richtige Ansprechpartner, der richtige Kontakt, wenn das Unternehmen mehrere tausend Angestellte hat? Schaut euch bei den Mitarbeitern eurer Wettbewerber die XING-/LinkedIn-Profile an. Dort könnt ihr euch wiederum deren Kontakte ansehen. Häufig findet ihr dort dann auch deren oder weitere Kunden und Interessenten. Kopiert diese Kontakte und schreibt sie nach und nach an. Tipp: Beide Plattformen bieten eine Premium-Mitgliedschaft an. Damit habt ihr wesentlich mehr Möglichkeiten als bei den Basisvarianten.

11.1.13 Gewinnspiele

Das Marketing über Gewinnspiele ist immer noch interessant. Auch auf diesem Weg können neue Kunden und Interessenten gewonnen werden. Durch die Möglichkeit, etwas zu gewinnen, sinkt bei vielen die Hemmschwelle, die eigenen Kontaktdaten preiszugeben.

Wichtig: Das Spiel sollte kreativ, relativ einfach und der Gewinn muss interessant sein. Denn für einen Schokoriegel werdet ihr keine relevanten Daten erhalten. Die Vorteile sind die überschaubaren Kosten und die sehr gute Verbreitung über die sozialen Medien. Hier noch ein paar wichtige Hinweise:

- Verwechselt nicht das Gewinnspiel mit einem Glücksspiel. Ein Glücksspiel erkennt man daran, dass die Teilnehmerzahlen und der Zufall über den Gewinn entscheiden.
- Auf keinen Fall darf die Teilnahme an einem Gewinnspiel an den Kauf eines Produkts oder einer Dienstleistung gekoppelt werden. Das gilt auch, wenn sich die Gewinnchancen durch einen Erwerb von Waren erhöhen können.
- Achtet auf die Teilnahmebedingungen. Diese müssen klar und eindeutig sein und alle wesentlichen Punkte enthalten wie Teilnahmefrist, Termin für die Auslosung, Kreis der berechtigten Teilnehmer, Hinweise zum Gewinn, Datenschutz.
- Prüft den Datenschutz intensiv: Wenn ihr Adressen sammeln und diese später bewerben wollt, müsst ihr das Thema Datenschutz zwingend und detailliert berücksichtigen.
- Plant ausreichend Zeit für die Durchführung eines Gewinnspiels ein.

11.1.14 Gutscheine

Ein Gutschein für die Anmeldung zum Newsletter? Das kennt wohl jeder. Gutscheine sind bei Kunden immer noch sehr beliebt. Und somit weiterhin eine gute Möglichkeit, neue Kunden zu gewinnen oder mindestens Interessenten neugierig zu machen. Laut einer Studie (https://www.mydays.de/unternehmen/publikumspresse/top-3-weihnachtsgeschenke) freuen sich 71 Prozent der Deutschen über einen Gutschein. Besonders von ihnen angetan sind Frauen zwischen 16 und 34 Jahren.

Folgende Aspekte solltet ihr euch konkret anschauen bzw. definieren:

- Überlegt euch vorher genau, was ihr mit dem Gutschein erreichen wollt.
- Wer erhält für welche Handlung einen Gutschein?
- Wie hoch ist der Wert des Gutscheins (Budget)?
- Welche Daten wollt ihr mit dieser Aktion wofür sammeln?
- Wollt ihr den Gutschein auf einen bestimmten Bereich (Produkt) einschränken?
- Gibt es einen Mindestbestellwert, wenn der Kunde den Gutschein einlöst?
- Denkt an die Laufzeit. Sie darf nicht zu kurz und auch nicht endlos sein.
- Wertet die Aktion in jedem Fall aus. Hat sie euch mehr Umsatz, Neukunden oder wiederkehrende Kunden gebracht?

11.1.15 Umfragen

Ein probates und kundennahes Mittel, um (Daten von) Interessenten und Auftraggeber zu gewinnen, sind Umfragen. Dabei wird als Belohnung für die Teilnahme ein besonderes Angebot offeriert. Ein schönes Beispiel liefert die Zeitschrift Capital. Ziel bei der Umfrage ist die Rückgewinnung von ehemaligen Lesern (siehe Grafik: Auch ich war Abonnent). Neben neuen Kunden erhält das Unternehmen auch noch Daten aus einer Umfrage, die weiter ausgewertet werden können. Aber geht auch hier sensibel heran. Fangt mit einer Umfrage für eine sehr kleine Gruppe an. Wertet das Ergebnis und die Reaktionen aus, bevor ihr eine größere Umfrage startet.

Sehr geehrter Herr Wächter,

trotz staatlicher Unterstützung hat der Corona-Lockdown zahlreiche Unternehmen in eine tiefe Krise gestürzt – und noch ist ungewiss, wann und wie schnell sie sich wieder erholen werden. Wie ist Ihre Meinung dazu? Wie denken Sie über die Entwicklung in den nächsten Monaten? Wie schnell werden wir den Corona-Schock hinter uns lassen? Wird die Wirtschaft sich erholen, droht eine Stagnation oder kommt mit der nächsten Welle die nächste Delle?

Nehmen Sie teil an unserer Umfrage **Capital Zukunftsfragen**. Als Dankeschön erwartet Sie ein **besonderes Angebot**:

- **3 x Capital für nur 17,40 € – Sie sparen 35 %**.
- Lieferung bequem **frei Haus.**
- Eine **exklusive Prämie** Ihrer Wahl.

Abb. 20: Aktion zur Kundenrückgewinnung am Beispiel Capital

11.1.16 Marketingkooperationen

Stellt euch die Frage, wer die gleiche Zielgruppe hat wie ihr. Allerdings darf es kein Mitbewerber sein, sondern ein Unternehmen oder ein Dienstleister, die ein ergänzendes Produkt zu eurem im Angebot haben. Vielleicht ergibt sich die Möglichkeit einer Marketingkooperation, die ihr bisher nicht für möglich gehalten habt und von der alle Beteiligten inklusive der (End-)Kunden profitieren.

Machen wir ein Beispiel: Stellt euch vor, ihr baut E-Commerce-Shops für Unternehmen. Nun wollt ihr diese Dienstleistung vermarkten. Ihr plant für potenzielle Kunden einen Vortragsabend, an dem verschiedene Redner zum Aufbau eines E-Commerce-Shops sprechen. Natürlich werdet ihr als Dienstleister für die Erstellung des Shops einen Vortrag halten, der nächste Beitrag kommt von einem Fulfillment-Anbieter (Lager + Logistik) und den dritten Vortrag hält beispielsweise eine SEO-Agentur. Den Abend gestaltet ihr zusammen und teilt euch die Kosten. Dazu vereinbart ihr, dass eingehende Anfragen von potenziellen Kunden an alle beteiligten Unternehmen weitergeleitet werden.

Die Möglichkeiten von Marketingkooperationen sind groß. Aber achtet bei der Auswahl auf die richtigen Partner und vereinbart die Kooperation schriftlich.

11.1.17 Regionale Radio-/TV-Sender + Kino

Diese Marketingkanäle seien nur am Rande erwähnt. Aufgrund der Wettbewerbssituation bei den Medienunternehmen sind die Kosten inzwischen gesunken. Regionale Radio- und TV-Sender suchen immer wieder redaktionelle Beiträge. Ich habe es oft erlebt, dass man mit dem Sender einen Deal »Werbung plus redaktioneller Beitrag« vereinbaren kann. Das heiß, ihr bucht (und bezahlt) einen Werbespot und dafür berichtet der Sender in einem Beitrag über euer Unternehmen. Das funktioniert übrigens auch im Verlagswesen.

11.2 Kreative Marketingideen

Seid kreativ, geht neue Wege und riskiert etwas. Was ich damit meine? Euer Marketingbudget ist wahrscheinlich nicht sehr hoch. Und auf die Kunden prasseln jeden Tag tausende von Werbebotschaften ein. Mit 08/15-Werbung werdet ihr da nicht auffallen. Also lasst euch etwas einfallen.

Zur Veranschaulichung und weil es nahezu unmöglich ist, Kreativität und Risikobereitschaft in einem Unterkapitel aufzulösen, bringe ich zwei erfolgreiche Beispiele.

Beispiel Hotmail: Wir befinden uns im Jahr 1998. Der kostenlose E-Mail-Dienst Hotmail fügt in den Footer jeder versendeten E-Mail seiner Hotmail-Nutzer einen Satz hinzu: »PS I Love You: Get your free Hotmail Account« inklusive Hyperlink auf die Hotmail-Registrierungsseite. Der Effekt: Ein Großteil der Nutzer hat auf diesen Satz geklickt und landete, natürlich, auf hotmail.com. Dort musste die Website dann nur noch ihren Dienst verrichten und den Menschen einen kostenlosen E-Mail-Account anbieten, den damals bei weitem noch jeder nicht hatte. Durch diesen cleveren Trick ist Hotmail in den Anfangsjahren schnell gewachsen.

Beispiel Dropbox: Der Cloud-Speicherdienst hat 2020 festgestellt, dass, kaum verwunderlich in unserer Zeit, Kunden mehr Speicherplatz benötigen. Diesen Umstand nutzt Dropbox geschickt für eine Marketingaktion. Kunden von Dropbox erhalten (Stand 06/2020) bis zu 32 Gigabyte Speicherplatz kostenlos, wenn sie ihren Freunden den Dienst weiterempfehlen: »Jede Person, an die Sie Dropbox weiterempfehlen, bringt Ihnen 500 MB kostenlosen Speicherplatz (bei Dropbox Basic) oder 1 GB (bei Dropbox Plus) ein. Insgesamt können Sie durch Empfehlungen bis zu 16 GB für Dropbox Basic-Konten und bis zu 32 GB für Dropbox Plus-Konten verdienen.«

11.3 Vergleichende Werbung

Bei dieser Werbeform wird die Leistung des oder der Mitbewerber mit dem eigenen Angebot verglichen. Vergleichende Werbung ist seit Juli 2000 in Deutschland erlaubt. Fragt euch also: Wo sind die Schwachstellen des Mitbewerbers? Aber beachtet bitte das Gesetz gegen den unlauteren Wettbewerb. Das bedeutet:

- Die getroffenen Aussagen müssen objektiv nachprüfbar sein.
- Sie müssen der Wahrheit entsprechen.
- Die Werbung darf nicht irreführend sein.
- Der Konkurrent darf nicht verunglimpft oder herabgesetzt werden.

Home24 hat die Möbelhäuser auf der grünen Wiese, also praktisch am Arsch der Welt, ausgemacht und dies in einer Kampagne thematisiert.

Abb. 21: Vergleichende Werbung am Beispiel Home24

Das Münchner Möbelhaus Kare erregte vor einigen Jahren Aufmerksamkeit, als es sich mit dem Einrichtungsriesen IKEA anlegte. »Schraubst du noch oder wohnst du schon?«, steht über einem Rattanstuhl und einem Logo mit durchgestrichenem Inbusschlüssel. Halb München hat über die verballhornende Werbung gelacht. Doch Ikea fand das gar nicht lustig und schob der Unterlassungserklärung gleich noch eine einstweilige Verfügung hinterher.

Und folgende vergleichende Werbung muss man, glaube ich, gar nicht erklären:

Abb. 22: Vergleichende Werbung am Beispiel Pepsi/Coca-Cola (Quelle: https://www.intepat.com/blog/trademark/trademark-rights-and-comparative-advertising)

11.4 Guerilla-Marketing

Was ist Guerilla-Marketing? Den Begriff Guerilla verbinden wir wohl spontan mit einer Kampfform. Wahrscheinlich denken viele dabei an Ernesto »Che« Guevara, der während der kubanischen Revolution als Kommandeur bekannt wurde. Und tatsächlich: Guerilla ist die Verkleinerungsform des spanischen Wortes *guerra* (Krieg) und bedeutet Kleinkrieg.

Gerade für Start-ups bietet sich Guerilla-Marketing an. Kunden werden mit ungewöhnlichen Vermarktungsaktionen konfrontiert. Kennzeichen des Guerilla-Marketings: quick & dirty, also schnell und mutig, mit einer besonderen Aktivität auffallen. Diese Aktionen sind sehr kostengünstig und finden umgehend Beachtung. Dazu braucht ihr wieder ein gutes Maß an Kreativität und Mut. Aber traut euch, lasst euch gegebenenfalls beraten und testet eure Ideen im Bekanntenkreis.

Um es bildlich zu machen, zeige ich unkommentiert drei Beispiele.

Abb. 23: Guerilla-Marketing am Beispiel Car2Go (Quelle: https://inovisco.com/blog/guerilla-marketing-beispiele-ideen)

Abb. 24: Guerilla-Marketing am Beispiel einer Ballettschule (Quelle: https://www.techtag.de/business/was-ist-guerilla-marketing)

Und hier meine persönliche Lieblings-Guerilla-Marketing-Aktion:

Abb. 25: Guerilla-Marketing am Beispiel eines Reisebüros (Quelle: http://ideenwunder.at/ambient-marketing-reisebuero)

Im Winter 2006 machte das Reisebüro Giller aus München mit dieser cleveren Werbeaktion auf sich aufmerksam. Das Unternehmen nutzte zugeschneite Autos als Werbeflächen für die eigenen Reiseangebote. Es wurden kurzerhand Urlaubsziele und Kosten der Reisen auf die Windschutzscheiben geschrieben und zusätzlich eine Infokarte des Reisebüros unter den Scheibenwischer geklemmt. Dabei wurde darauf geachtet, vor allem warme Urlaubsziele anzupreisen, was gerade in der kalten Jahreszeit für viele ein attraktives Angebot bedeutete.

11.5 Die drei Vertrauenssäulen

Kunden sind Start-ups gegenüber anfänglich häufig misstrauisch und überlegen sich dreimal, ob sie bei einem so jungen Unternehmen kaufen sollen. Doch wie könnt ihr das fehlende Vertrauen aufbauen? Nun, macht euch die drei Säulen des Vertrauens zunutze.

Gütesiegel

Ein Shop wird zertifiziert und erhält dann ein Gütesiegel. Siegel vermitteln Vertrauen, das dann auch unbekannten Jungunternehmen entgegengebracht wird. Gerade der TÜV hat einen sehr hohen Stellenwert in Deutschland. Auch Start-ups können bereits in einer sehr frühen Unternehmensphase ein Siegel erhalten. Fragt die entsprechenden Anbieter nach einem Angebot für Start-ups.

Bewertungen

Laut dem Deutschen Institut für Marketing (DIM) (https://www.marketinginstitut.biz/blog/wie-wirken-bewertungen-auf-kunden) orientieren sich über 90 Prozent der Kunden vor einem Kauf an den Bewertungen anderer Kunden, was somit eines der wichtigsten Entscheidungskriterien ist. Grund genug, sich mit dem Thema zu beschäftigen. Je mehr Bewertungen ein Produkt oder eine Dienstleistung hat, umso besser. Also fordert eure Kunden aktiv auf, eure Ware oder Dienstleistung zu bewerten. Und wenn mal eine schlechte Bewertung reinkommt, macht das gar nichts. Niemand ist perfekt und ihr erhaltet wertvolles Feedback. Entscheidend ist dann nur, wie ihr damit umgeht. Gerade der offene Umgang mit Fehlern kann bei den Kunden umso mehr Vertrauen schaffen. Wovor ich dringend abrate: sich positive Bewertungen zu kaufen. Echte Bewertungen zu erhalten ist ein langer und steiniger Weg, aber er lohnt sich. Wenn gefakte Bewertungen auffallen, ist der Schaden immens und kann gerade in der frühen Unternehmensphase die Existenz kosten.

Käuferschutz

Eine überzeugende Säule ist auch der Käuferschutz. Dieser sichert in der Regel den Fall bzw. den Kunden ab, wenn eine falsche Ware geliefert wurde oder eine bestellte Ware nicht beim Kunden angekommen ist. Bis zu einem bestimmten Warenbetrag (bis

100 Euro) ist er für den Kunden kostenlos, übersteigt die Bestellung oder das Produkt einen gewissen Betrag, wird eine Gebühr fällig. Gerade bei größeren Warenkörben ist das sicherlich ein interessanter Aspekt. Weitere Infos dazu findet ihr auf https://www.trustedshops.de/kaeuferschutz und über die Stiftung Warentest auf https://www.test.de/Guetesiegel-Online-Shopping-Wie-hilfreich-sind-Trusted-Shops-Tuev-Co-5541251-0.

Abb. 26: Beispiele für Gütesiegel (Quelle: https://www.test.de/Guetesiegel-Online-Shopping-Wie-hilfreich-sind-Trusted-Shops-Tuev-Co-5541251-0)

11.6 Inbound-Marketing

Wenn Marketingleute eines gut können, dann das: neue Trends kreieren. So ist das Lieblingskind der Fachwelt seit einiger Zeit das Inbound-Marketing.

Aber von vorne. Wenn es Inbound-Marketing gibt, wird es auch Outbound-Marketing geben. Also fangen wir mit den Erklärungen an.

Beim **Outbound-Marketing** versucht das Unternehmen, Kunden zu finden. Klassische Werkzeuge sind Printanzeigen, Radio- und TV-Werbung, Massen-E-Mails, Messen und die Kaltakquise.

Beim **Inbound-Marketing** dagegen sollen die Kunden das Unternehmen finden. Hier sind die Werkzeuge die Suchmaschinenoptimierung (SEO), YouTube-Videos, Webinare, Blogs, Whitepaper oder Feeds.

Das Outbound-Marketing war zuerst da, praktisch mit Start des Internet. Allerdings wurden und werden die Kunden mit Werbung bombardiert und sind davon weit genervter als begeistert. Somit war es sinnvoll, sich über eine neue Art der Werbung Gedanken zu machen. Dreh- und Angelpunkt jeder Inbound-Kampagne: hochwertiger, relevanter Inhalt (Content), der dem Unternehmen neue Kontakte und damit letztlich Kunden zuführen soll.

Nun gibt es allerdings einige Experten, für die Inbound-Marketing das Allheilmittel ist. Meine Meinung dazu: Hochwertiger Content ist wichtig. Aber die Auswahl der Marketingkanäle muss auf das jeweilige Start-up zugeschnitten sein. Und da müssen die Fragen des Produkts, der Zielgruppe, der Wettbewerber und auch der Ressourcen beantwortet werden. Erst dann kann entschieden werden, welche In- und Outbound-Methoden oder ein Mix daraus die richtige Wahl für das Gründerunternehmen ist.

TAKE AWAY

- Es gibt viele Wege, den Kunden zu erreichen. Es muss nicht immer die Suchmaschinenoptimierung (SEO) sein.
- Seit kreativ und mutig – Start-ups dürfe auch mal frech sein.
- Plant euer Budget. Das Geld ist sonst schnell weg.
- Überlegt, ob ihr eure Kunden über andere Kanäle als eure Mitbewerber ansprechen könnt.
- Langwierig, aber sehr erfolgreich: Positioniert euch als Experte. Das geht z. B. über Webinare, Fachartikel oder Vorträge.
- Kaum ein Unternehmen hat Marketingkooperationen auf dem Radar. Eine sehr interessante und kostengünstige Möglichkeit, Kunden zu akquirieren.

12 Baustein 9: Ziele/KPIs

Es gibt viele Themen, die Gründer anders angehen müssen als alteingesessene Unternehmen. Dies betrifft auch und besonders die Führung des Start-ups. Bestehende Unternehmen, die schon lange auf dem Markt sind, und ich rede jetzt vom Mittelstand, steuern ihr Unternehmen häufig mit der betriebswirtschaftlichen Auswertung (BWA) und der Summen- und Saldenliste. Mitte des Monats erhält der Unternehmer die Daten des Vormonats aus der Buchhaltung oder vom Steuerberater. Das sind Zahlen aus der Vergangenheit. Die sind für ein Start-up gerade am Anfang nicht wirklich hilfreich, da sie noch nicht aussagekräftig vorliegen und die Gründer vor allem nach vorne schauen müssen.

Also was tun? Zum einen müsst ihr euch klare Ziele stecken. Ohne Kurs wird euer Schiff ziellos auf dem Marktmeer herumtreiben. Aber auch Ziele können sich auf dem Weg ändern. Ihr baut ein junges Unternehmen auf. Da ist nichts in Stein gemeißelt, Korrekturen werden immer wieder nötig sein.

Um diese Ziele zu erreichen, müsst ihr alle Faktoren, die das Ziel positiv oder negativ beeinflussen, regelmäßig kontrollieren. Wenn es positive Faktoren sind, dann könnt ihr diese vielleicht verstärken. Negative Faktoren sollten eliminiert werden. Regelmäßig bedeutet für mich:

- monatlich = gut
- wöchentlich = sehr gut
- täglich = perfekt

Und wie macht ihr das? Mit den sogenannten Key Performance Indicators (KPIs), die in Kapitel 12.2 im Fokus stehen. Ein Hinweis: Wenn ihr Investoren an Bord habt, sind KPIs umso wichtiger. Sie zeigen der Geschäftsführung und den Investoren rechtzeitig Probleme auf. Und je früher diese erkannt werden, desto schneller könnt ihr gegensteuern.

Merke! !

Investoren mögen keine schlechten Nachrichten. Aber sie hassen Überraschungen. Vertriebsziele und KPIs verhindern genau diese Überraschungen.

12.1 Ziele

Wenn dein einziges Ziel ist, reich zu werden, wirst du es niemals erreichen.
John D. Rockefeller

Wenn ich Start-ups und junge Firmen berate, dann lasse ich mir immer die Unternehmensziele zeigen. Sie sind die Basis, sie sind wichtig für den Erfolg und sind der Treiber für die Mitarbeiter.

Damit wir im Weiteren von demselben Verständnis ausgehen: Ziele sind Ergebnisse, die ihr erzielen wollt. Um sie zu erreichen, legt ihr Maßnahmen fest. Das wird häufig verwechselt. Daher schauen wir uns gleich die vier häufigsten Fehler an.

Ein Hinweis an dieser Stelle: Wir beschäftigen uns in diesem Buch ausschließlich mit den Vertriebszielen, die für Start-ups besonders interessant sind. Weitere Ziele unterschiedlicher Unternehmensbereiche seien hier nur kurz erwähnt:
- Erfolgsziele, z. B. Gewinn oder Eigenkapitalrentabilität
- Finanzziele, z. B. Zahlungsfähigkeit und Unternehmenswert
- soziale Ziele, z. B. Personalentwicklung und Arbeitszufriedenheit
- Markt- und Prestigeziele, z. B. Image und Unabhängigkeit
- ökologische Ziele, z. B. Umweltschutz und Nachhaltigkeit

Häufig höre ich Sätze wie »Wir wollen Marktführer bei Produkt X werden« oder »Wir wollen unseren Umsatz um 30 Prozent steigern«. Das sind schöne Formulierungen, aber keine Ziele, und deshalb, pardon, für die Tonne. Schauen wir uns einmal an, was ihr bei der Zielsetzung besser nicht tun solltet.

12.1.1 Vier Fehler, die ihr nicht machen solltet

Fehler Nr. 1: Ihr formuliert die Ziele falsch
Ein Ziel muss drei Voraussetzungen erfüllen. Es muss genau bestimmt, also genau beschrieben sein, es muss messbar sein und es muss zeitlich bestimmt sein, was heißt, dass ein Zeitraum für sein Erreichen festgelegt ist.

Möglicherweise ist die falsche Formulierung der größte Fehler bei der Zielsetzung. Nehmen wir das Beispiel von eben: »Wir wollen unseren Umsatz um 30 Prozent steigern.« Ein Fehler ist schon einmal der fehlende Zeitraum. Bis wann soll der Umsatz um 30 Prozent gesteigert werden? In den nächsten zwölf Monaten? Oder in den nächsten zwei bis drei Jahren? Ebenso das Ziel »Wir wollen Marktführer beim Produkt X werden«. Auch hier fehlt die Zeitangabe. Vor allem aber müsst ihr schauen, ob dieses Ziel messbar ist.

Fehler Nr. 2: Ihr verwechselt Maßnahmen und Ziele

Was ein Ziel ist, habe ich eben erklärt. Eine Maßnahme hingegen ist eine Handlung, die etwas bewirkt. Das ist ein ebenfalls häufig begangener Fehler. Eine beispielhafte Formulierung: »Wir wollen bis zum Ende des Jahres den Vertriebsinnendienst um zwei weitere Vollzeitmitarbeiter ausbauen.« Das liest sich erst einmal richtig. Das ist aber kein Ziel, sondern eine Maßnahme. Das richtige Ziel bzw. die richtige Zielformulierung könnte in diesem Fall lauten: »Wir wollen den Kunden einen besseren und schnelleren Kundendienst bieten, um eine höhere Kundenzufriedenheit zu erreichen. Anfragen von Kunden sollen innerhalb von vier Stunden beantwortet werden. Um das zu ermöglichen, werden wir den Vertriebsinnendienst bis zum Ende des Jahres um zwei Vollzeitmitarbeiter ausbauen.« Mit diesem klar beschriebenen Ziel, das auch die Maßnahmen sauber trennt und nennt, wird allen Mitarbeitern deutlich, was Ziel ist (schneller und besserer Kundendienst) und was die Maßnahmen, um es zu erreichen (schnellere Anfragenbeantwortung, Einstellen weiterer Mitarbeiter).

Fehler Nr. 3: Ihr habt nur ein Ziel

Das ist meist ein reines Umsatzziel: »Wir wollen zum Ende des Jahres einen Umsatz von x Euro erzielt haben.« Im Vertrieb werden aber mehrere Ziele benötigt. Damit Unternehmen langfristig erfolgreich sind, ist eine Zielsetzung aus verschiedenen Blickwinkeln nötig. Es braucht ebenso Ziele, die auf den Kunden ausgerichtet sind, wie Kundenzufriedenheit, Service, Reklamationen, Vertragsdauer. Diese Ziele zu haben und zu erreichen bestimmen ebenfalls den langfristigen Erfolg eures Start-ups.

Fehler Nr. 4: Ihr nehmt die Mitarbeiter nicht mit

In großen Unternehmen habe ich oft erlebt, dass unrealistische Ziele von oben vorgegeben werden. Das Ergebnis: Frust bei den Mitarbeitern, die die Unternehmensleitung nicht einbezogen hat. Oder es werden Unternehmensziele festgelegt, von denen nur die Geschäftsführung weiß, aber kein Mitarbeiter.

Wichtig !

Erarbeitet die Ziele zusammen mit euren Mitarbeitern. Falls ihr in der Gründungsphase noch keine Angestellten habt, vergesst nicht, die Ziele zu kommunizieren, sobald die Mitarbeiter an Bord kommen.

In einem Unternehmen, Start-up und Team müssen alle gemeinsam dafür sorgen, dass die Ziele erreicht werden. Vor allem aber kommuniziert auch eure Werte. Wie wollt ihr etwas erreichen, wie wollt ihr miteinander umgehen auf dem gemeinsamen Weg und mit welchen Mitteln? Informiert euer Personal dazu regelmäßig, ideal sind wöchentlich Updates, über den aktuellen Stand. Dann nehmt ihr die Mitarbeiter mit, sie fühlen sich wertgeschätzt und identifizieren sich viel eher mit den Zielen. Es nützt euch nichts, wenn ihr am Ende des Jahres sagt: »Ziel verfehlt.« Denn was sollen die Mitarbeiter damit dann anfangen?

12.1.2 So geht es: SMART

Wir halten noch einmal fest: Ziele sind Ergebnisse und nicht Aufgaben oder Maßnahmen. Da wir aber meist handlungsorientiert, also in Aufgaben, denken, besteht die beschriebene Verwechslungs- bzw. Fehlergefahr. Bitte bedenkt: Als Gründer sollt ihr in Ergebnissen denken und Ziele vereinbaren.

Formuliert Ziele SMART
Das Akronym SMART kommt aus dem Amerikanischen. Manchmal wird in der Fachliteratur auch eine deutsche Übersetzung angezeigt, die ich bei einigen Begriffen allerdings nicht für passend halte.

- **s**pecific (genau bestimmt, genau beschrieben)
- **m**easurable (messbar)
- **a**ttainable (erreichbar)
- **r**elevant (relevant, wichtig)
- **t**imed (zeitlich bestimmt, festgelegter Zeitraum)

Gehen wir die fünf Punkte einmal durch.

Ziele müssen genau beschrieben werden (specific)
Es geht um eine genaue und nachvollziehbare Formulierung, um die Klarheit bei den Zielen. Alle Beteiligten müssen das gleiche verstehen.

Ziele müssen messbar sein (measurable)
Wenn man Ziele nicht messen kann, dann weiß man auch nicht, ob man sie erreicht hat. Aus diesem Grund ist die Messbarkeit von essenzieller Bedeutung. Zahlenziele wie Umsatz oder verkaufte Einheiten lassen sich natürlich einfach messen. Was ist aber z. B. mit der Kundenzufriedenheit? Hier empfehle ich den Net Promoter Score (NPS). Dieser Wert misst, ob Kunden zufrieden sind. Kunden werden gefragt, wie wahrscheinlich es ist, dass sie euer Unternehmen weiterempfehlen. Die Skala geht in den meisten Fällen von 0 (sehr unwahrscheinlich) bis 10 (äußerst wahrscheinlich). Wer dazu mehr wissen will, dem empfehle ich die Seite des Deutschen Instituts für Marketing (https://www.marketinginstitut.biz/blog/net-promoter-score).

Ziele müssen erreichbar sein (attainable)
Nichts demotiviert mehr als Ziele, die man nicht erreichen kann. Die besten Ziele sind die, die ihr mit viel Anstrengung erreicht, die also eine Herausforderung für euch und eure Mitarbeiter darstellen. Zu niedrige (Unterforderung) oder zu hohe (Überforderung) Ziele erzeugen Frust.

Ziele müssen wichtig sein (relevant)
Da Unternehmen nur eine bestimmte Anzahl an Zielen vorgeben können, sollten diese auch entsprechend wichtig sein. Die Bedeutung der Ziele für das Unternehmen muss auch von den Mitarbeitern verstanden und entsprechend klar kommuniziert werden.

Ziele müssen terminiert sein (timed)
Ziele ohne ein Enddatum sind sinnlos. Bis wann will ich was erreicht haben? Nur so kann das Unternehmen feststellen, ob das Ziel erreicht, übererfüllt oder nicht erreicht wurde.

12.2 Unternehmenskennzahlen (KPIs)

Wer den Hafen nicht kennt, in den er segeln will,
für den ist kein Wind der richtige.
Lucius Annaeus Seneca, römischer Philosoph

Damit Unternehmen ihre Ziele erreichen können, benötigen die Verantwortlichen Zahlen zum Führen der Firma. Ansonsten fahren sie blind durch die Nacht. Was haben Geschäftsführer früher gemacht? Nun, am Anfang des Monats haben sie die Buchhaltungsunterlagen dem Steuerberater gegeben. Mit etwas Glück und einem schnellen Berater hat man die Zahlen des Vormonats am 20. des laufenden Monats erhalten. Der Verantwortliche konnte anhand der Summen- und Saldenliste und der betriebswirtschaftlichen Auswertung sehen, wie gut oder wie schlecht es der Firma geht. Weitere Daten gab es einfach nicht. Das war früher auch okay, als alles langsamer und bedächtiger war. In der heutigen, extrem schnelllebigen Zeit reicht das allerdings bei Weitem nicht mehr. Was Start-ups heute benötigen, sind Unternehmenskennzahlen, die sogenannten KPIs (Key Performance Indicatoren). Spezifische Daten helfen Entscheidungsträgern bei der Messung, Überwachung und Optimierung der Unternehmensleistungen. Die Kennzahlen zeigen den Erfolg oder Misserfolg eines Unternehmens bei der Erreichung operativer und strategischer Ziele auf. In meinen Workshops muss ich leider immer wieder feststellen, dass viele Teilnehmer die KPIs nur im Bereich der Finanzdaten sehen. Vielleicht kommt das aus der alten Betrachtungsweise, als es nur die Daten des Steuerberaters gab.

Ganz klar: Die KPIs müssen sich auf alle Bereiche des Unternehmens beziehen. Der Geschäftsführer sollte alle Zahlen im Blick haben, Bereichsleiter die Zahlen aus ihrem Verantwortungsbereich. Ich kann jedem Gründer nur empfehlen, direkt bei Unternehmensstart ein erstes Modell bzw. ein erstes KPI-System aufzubauen.

Bedenkt dabei, dass die Anzahl der Kennzahlen mit der Zeit wächst. Also nutzt direkt das System eines professionellen Anbieters. Hier bieten dynamische, interaktive KPI-

Dashboards, die mit Hilfe von professionellen Business Intelligence (BI) Dashboard Tools erstellten wurden, entscheidende Vorteile. Das kostet gerade in der Startphase nur kleines Geld. Die meisten Gründer wollen anfangs sparen, was grundsätzlich nicht schlecht ist, und erstellen die KPIs schlicht mit Excel. Ich bin ein großer Freund von Excel und nutze das Programm täglich. Aber für ein Kennzahlensystem ist es für eine primäre Dashboard-Lösung nicht das richtige. Wieso?

12.2.1 Fünf Gründe gegen ein Excel-Dashboard

- **Hoher Zeitaufwand**: Die Daten müssen manuell aus verschiedenen Datenquellen in eine Excel-Arbeitsmappe zusammengeführt und daraus ein Dashboard erstellt werden. Zeit, die ihr besser für die Datenanalyse verwendet.
- **Hohe Fehlerquelle**: Je größer die Datenmenge und je mehr Datenquellen, desto höher ist die Gefahr, dass Daten falsch erfasst werden. Und mit fehlerhaften Daten wichtige Entscheidungen zu fällen, kann sehr gefährlich sein.
- **Veraltete Zahlen**: Daten aus Excel werden immer nachträglich erfasst, teilweise mit deutlichem Zeitverzug. Verwertbare Daten aber müssen aktuell sein. Nur dann kann man in Echtzeit reagieren. Siehe dazu auch die folgenden Kennzahlenbeispiele.
- **Keine Sicherheit**: In Excel kann man keine Rechte vergeben. Nun betreffen Kennzahlen aber meist verschiedene Abteilungen. Ein Verantwortlicher sollte die Zahlen aus seinem Bereich ansehen und analysieren dürfen. Ob es von der Firmenleitung allerdings gewünscht ist, dass er auch Einblick in die Finanzkennzahlen hat, kann ich mir kaum vorstellen.
- **Unflexibles System**: Excel ist nicht dafür gemacht, dass mehrere Personen gleichzeitig darauf zugreifen können. Das erschwert die firmeninterne Kommunikation und die Zusammenarbeit teilweise erheblich.

Ich erwähnte es bereits: Nutzt von Anfang an eine professionelle Software. Eine Übersicht von Anbietern findet ihr in Kapitel 13 (Tools).

! **Praxistipp**

Hängt einen Monitor in den Besprechungsraum oder in die Kaffeeküche. Zeigt dort die aktuellen Zahlen auf dem Dashboard. Ihr werdet sehen, eure Mitarbeiter werden es euch danken.

Abb. 27: Beispiel für ein Dashboard (Quelle: https://www.geckoboard.com/dashboard-examples)

Eine wichtige Frage müsst ihr vorab klären: Wer ist die Zielgruppe für die KPIs? Sind es die Geschäftsführer, die Gründer, Verantwortliche für einzelne Bereiche, Investoren und Kapitalgeber oder vielleicht Kooperationspartner und Lieferanten? Ihr seht also, viele unterschiedliche Parteien haben ein berechtigtes Interesse an den Kennzahlen des Unternehmens. Welche ihr bei der Gründung priorisiert und welche ihr im Laufe der Zeit hinzufügt, besprecht ihr am besten mit dem Gründerteam und möglichen Investoren.

12.2.2 So geht es: Die 6 A's

Ich empfehle Start-ups beim Thema KPIs immer, sich an die sogenannten 6 A's zu halten:

- **a**ligned (ausgerichtet)
- **a**ttainable (erreichbar)
- **a**cute (informativ)
- **a**ccurate (genau)
- **a**ctionable (umsetzbar)
- **a**live (lebendig)

Zusammengefasst: Kennzahlen müssen auf eure spezifischen Ziele ausgerichtet sein, die Ziele müssen realistisch, also erreichbar, sein und die KPIs müssen einen hohen Informationsgehalt besitzen und aus validen Daten berechnet werden, damit die Verantwortlichen die gewonnenen Erkenntnisse auch operativ umsetzen können.

KPIs können und sollten für alle Unternehmensbereiche eingeführt werden. Ich möchte hier aber nur, das ist schließlich unser Thema, auf die Kennzahlen aus dem Bereich Sales und Marketing eingehen. Ich empfehle Start-ups für den Anfang mindestens fünf bis maximal zehn KPIs. Konzentriert euch auf diese Kennzahlen, analysiert kontinuierlich und versucht, die Werte stetig zu verbessern. Generell könnt ihr überall dort, wo Zahlen anfallen, daraus auch eine Kennzahl ableiten. Eine Frage, die verständlicherweise von Gründern immer wieder gestellt wird: Was ist der richtige Wert bei einem KPI? Meine Antwort: Den gibt es meist nicht. Wichtig ist, dass ihr die KPIs immer wieder analysiert und in die richtige Richtung, sprich zur Verbesserung, verändert.

Im Folgenden nenne ich euch erste KPIs, die ich Gründern empfehle:

Customer Lifetime Value
Beschreibung: berechnet den Profit, sprich den Gewinn, den das Unternehmen bei einer durchschnittlichen Kundenbeziehung erwirtschaftet (Angabe in Euro). Anders formuliert: Was ist ein Kunde wert?

Formel: Customer Lifetime Value = (Dauer der Kundenbeziehung mal Deckungsbeitrag pro Kunde) minus Customer Acquisition Cost minus Servicekosten pro Kunde

Analyse: Ziel muss es sein, dass der Wert steigt. Es gibt theoretisch keine Obergrenze. Sinkt der Wert, müssen die Gründe analysiert werden. Hinweis: Für Start-ups ist der Wert »Dauer der Kundenbeziehung« am Anfang natürlich niedrig. Aber je zufriedener der Kunde, desto länger bleibt er bei euch und der Wert wird steigen.

Purchase Frequency
Beschreibung: zeigt die durchschnittliche Anzahl von Käufen, die die Kunden innerhalb eines definierten Zeitraums (Periode) tätigen (Angabe als Zahl)

Formel: Purchase Frequency = Anzahl Tage in der Periode durch Anzahl Aufträge in der Periode

Analyse: Ziel ist es, dass der Wert den festgelegten Idealwert erreicht. Idealwert deshalb, weil eine bestimmte Anzahl von Käufen pro Kunde nicht überschritten wird. Kein Kunde kauft jeden Tag eine Hose.

Average Order Value
Beschreibung: Diese Kennzahl misst die Höhe des durchschnittlichen Bestell- oder Auftragswertes (Angabe in Euro).

Formel: Average Order Value = Umsatz in der Periode durch Anzahl Aufträge in der Periode

Analyse: Dieser Wert sollte steigen. Erfahrungsgemäß tut er das bei Start-ups in den Anfangsmonaten auch relativ schnell. Der Grund liegt darin, dass Kunden, auch aus Unsicherheit dem Start-up gegenüber, oftmals erst kleinere Aufträge platzieren und erst später, wenn sie zufrieden sind, größere Warenkörbe in Auftrag geben.

Customer Acquisition Cost

Beschreibung: Die Kosten der Neukundenakquise sind gerade in der frühen Phase des Start-ups eine wichtige Kennzahl. Hier werden alle Kosten erfasst, die anfallen, um neue Kunden zu gewinnen. Berechnet werden also die Marketingkosten in einer bestimmten Periode in Relation zu den gewonnenen Neukunden (Angabe in Euro).

Formel: Customer Acquisition Cost = Marketingkosten pro Periode durch Anzahl Neukunden

Analyse: Dieser Wert ist bei jungen Unternehmen in der Startphase naturgemäß relativ hoch. Ziel muss es sein, dass der Wert kontinuierlich sinkt.

Conversion Rate

Beschreibung: Die Conversion Rate ist eigentlich ein KPI aus dem Onlinemarketing. Dort meint sie das Verhältnis der Besucher einer Webseite zu den Conversions (Übergang in einen neuen Status, z.B. vom Interessenten zum Käufer). Aber selbstverständlich könnt ihr das auch für andere Bereiche übernehmen, z.B. das Verhältnis von geschrieben Angeboten zu tatsächlichen Aufträgen (Angabe in Prozent).

Formel: Conversion Rate = (Anzahl Aufträge durch Anzahl Besucher oder Angebote) mal 100

Analyse: Je höher der Wert, desto besser. Der in der Tat unrealistische Idealwert ist 100 Prozent, d.h. ihr habt jeden Besucher eurer Webseite oder jedes geschriebene Angebot in einen Auftrag umgewandelt. Versucht den Wert sukzessive zu steigern, analysiert eure Webseite, arbeitet an dem Verkaufsgespräch und am Angebot.

Retention Rate

Beschreibung: Logischerweise denken alle Start-ups in der frühen Phase, sprich in den ersten ein bis zwei Jahren, erst einmal an die Gewinnung von Neukunden. Dabei vergessen manche aber den bisherigen Kundenkreis. Es ist einfacher und günstiger, einen bestehenden Kunden zu halten, als einen neuen zu gewinnen. Somit ist eine wichtige Kennzahl die sogenannte Verbleibquote oder Retention Rate.

Formel: Retention Rate = (Kunden am Ende der Periode minus Neukunden) durch Kunden am Anfang der Periode mal 100

Analyse: Je höher der Wert, desto besser. Der Idealwert ist 100 Prozent, d. h. ihr habt keinen Kunden verloren. Ziel sollte ein Wert über 90 Prozent sein.

Churn Rate

Beschreibung: Die Churn Rate oder Abwanderungsrate ist eure essenzielle Kennzahl, wenn es um Kundenloyalität und Kundenzufriedenheit geht. Sie zeigt euch die Prozentuale Verringerung eures Kundenstamms innerhalb einer Periode im Vergleich zum bestehenden Kundenstamm (Angabe in Prozent).

Formel: Churn Rate = (Kunden zu Beginn des Monats minus Kunden am Ende des Monats durch Kunden am Monatsanfang)

Analyse: Idealerweise ist dieser Wert natürlich null, denn das heißt, dass ihr keinen Kunden verloren habt. Wenn der Wert zu hoch ist oder steigt, müsst ihr sofort handeln. Fragt vor allem auch die verlorenen Kunden, warum sie abgesprungen sind. Wichtiger Hinweis: Der Wert »Kunden am Ende des Monats« steht für die Kunden, die bereits zu Beginn des Monats da sind und im Wert »Kunden zu Beginn des Monats« enthalten sind. In der Churn Rate werden also die Neukunden im Betrachtungsmonat nicht berücksichtigt.

Monthly Recurring Revenue

Beschreibung: Häufig haben Start-ups Geschäftsmodelle, die auf monatlich wiederkehrende Erträge abzielen, z. B. SaaS-Vertragsmodelle (SaaS = Software as a Service) oder Abonnements. Für diese Unternehmen ist der Monthly Recurring Revenue (MRR) bedeutsam. Er erfasst regelmäßige Zahlungen (aus Vertragsbindung) und ist die Summe aller wiederkehrenden Umsätze, umgelegt auf einen Monat. So habt ihr einen schnellen Überblick, wie viel Umsatz ihr mit euren Kunden erzielt (Angabe in Euro).

Formel: Monthly Recurring Revenue = Umsatz pro Vertrag durch Vertragslaufzeit in Monaten

Analyse: Je höher der Wert, desto besser. Sinkt der Wert, ist es an der Zeit zu handeln. Analysiert den Grund und steuert schnellstmöglich dagegen. Hinweis: Es kann allerdings auch sein, dass der Wert pro Vertrag sinkt. Dann nämlich, wenn Kunden langfristige Verträge abschließen. Und langfristige Verträge sind auf den Monat gesehen günstiger.

Verkaufszykluszeitraum

Beschreibung: Ein kurzer Verkaufszyklus ist die Zeit vom ersten Kontakt mit dem Kunden bis zum Vertragsabschluss. In der Regel kann man sagen, je höherpreisiger ein Produkt, desto länger ist der Zeitraum. Die zweite Erfahrung ist, dass je größer eine Firma, desto länger sind die Entscheidungswege und damit die Dauer bis zum Abschluss des Vertrages (Angabe in Tagen).

Formel: Verkaufszykluszeitrum = Dauer der Vertragsabschlüsse durch Anzahl der Verträge

Analyse: Je höher der Wert, desto mehr Liquidität benötigt ihr. Entscheidend ist also, dass dieser Wert kontinuierlich sinkt bzw. einen möglichst niedrigen Wert hat.

Stornoquote/Retourenquote
Beschreibung: Zufriedene Kunden kommen wieder. Stornos oder Retouren zeigen ein Problem auf. Das kann am Produkt liegen oder auch am Vertrieb. Vielleicht verspricht der Außendienst etwas, was das Produkt nicht hält. Je höher die Stornoquote, desto frustrierter ist auch der Mitarbeiter an der Verkaufsfront (Angabe in Prozent).

Formel: Stornoquote = (Summe Anzahl Stornos durch Anzahl der Käufe) mal 100

Analyse: Der Wert muss gering sein, idealerweise null. Sobald er sich erhöht, muss sofort eingegriffen werden. Idealerweise sucht ihr auch hier direkt den Kontakt zum Kunden, um die Gründe zu erfahren.

TAKE AWAY

- Setzt euch Vertriebsziele.
- Verwechselt Maßnahmen nicht mit Zielen.
- Die Ziele sollen SMART formuliert sein, die KPIs den 6 A's folgen.
- Legt zum Unternehmensstart bereits KPIs fest, idealerweise zwischen fünf und zehn.
- Überprüft die KPIs regelmäßig und steuert damit euren Vertrieb und euer Start-up.
- Überwacht eure KPIs mit einem professionellen Dashboard.

13 Baustein 10: Tools

Was ich auch bei Gründern immer wieder sehe: Die Kundendaten werden in einer Excel-Liste gepflegt. Versteht mich bitte nicht falsch, auch ich nutze Excel häufig. Aber es ist definitiv kein Werkzeug für die Verwaltung der Kunden. Aus diesem Grund rate ich allen Gründern, dass sie von Anfang an professionelle Tools einsetzen. Denn bedenkt: Sie sind euer Werkzeug, um alle Daten, Aufträge etc. langfristig zu verwalten, mit ihnen zu arbeiten und vor allem die Übersicht zu behalten.

In diesem Buch möchte ich nur die Tools vorstellen, die unmittelbar oder mittelbar mit dem Vertrieb zu tun haben. Oft haben Gründer kein Budget für Tools eingeplant. In der Auflistung habe ich aus diesem Grund auch eine Spalte mit kostenlosen Lösungen aufgeführt. Diese sind oft schlankere, reduzierte Versionen der Volllizenz, reichen aber in der Anfangszeit erst einmal aus. So haben ihr als Verantwortliche Zeit, die Software zu testen. Und bei einer erfolgreichen Unternehmensentwicklung könnt ihr euch immer noch für die Vollversion oder einen Anbieterwechsel entscheiden.

Noch zwei Anmerkungen zu den folgenden Kapiteln: Der Softwaremarkt verändert sich. Die im Folgenden genannten Tools sind somit eine Momentaufnahme. Aktuelle Daten und Testberichte für die besten und aktuellen Tools findet ihr jederzeit im Netz, z. B. auf https://trusted.de. Für die einzelnen Werkzeuge gibt es darüber hinaus eine Vielzahl von Lösungen. Ich habe aus Platzgründen auf die Auflistung aller Anbieter verzichtet. Deshalb findet ihr für jeden Bereich (bis auf Onlineshop und CRM-Systeme) maximal fünf Vorschläge.

13.1 Onlineshop

Viele Gründer planen den Aufbau eines Onlineshops. Aus diesem Grund habe ich diesem Marketingkanal mehr Platz eingeräumt.

Beschreibung: Wer Produkte oder Abos online verkaufen will, benötigt natürlich auch eine entsprechende Website. Das Angebot für den Aufbau eines Onlineshops ist riesengroß und für alle Anforderungen und Budgets ist etwas dabei.

Wichtig für: Start-ups, die ihr Produkt oder ihre Dienstleistung online verkaufen wollen (ein Muss für alle, eigentlich)

Tipp: Macht euch vorher darüber Gedanken, was euer Onlineshop (auch langfristig) bieten und leisten soll und was ihr dafür benötigt.

- Wollt ihr den Shop selbst aufbauen oder holt ihr euch Experten an Bord?
- Wie viele Produkte wollt ihr anbieten bzw. wie flexibel und ausbaubar soll der Shop sein?
- Wie einfach lassen sich die Produkte einstellen (Bilder/Texte)?
- Welche Zahlungsmöglichkeiten wollt oder müsst ihr anbieten?
- Wollt ihr irgendwann auch ins Ausland verkaufen?
- Plant ihr den Verkauf über Plattformen?
- Gibt es Schnittstellen zur Logistik bzw. zum Fulfillment (siehe dazu Erläuterung nach der Aufzählung)?
- Gibt es ausreichend Designvorlagen?
- Wie sieht es mit der SEO-Optimierung aus?
- Ist der Shop optimiert für alle mobilen Devices (responsive Design)?
- Ist der Shop DSVGO-konform?
- Werden Plug-Ins und Apps angeboten?
- Wollt ihr den Shop mieten oder direkt kaufen?
- Sind die Preise für euch transparent?
- Wie sind die Vertragslaufzeiten bei der Miete?
- Wie ist der Support geplant und organisiert?
- Gibt es eine kostenlose Testphase?
- Gibt es ein SSL-Zertifikat?

Erläuterung zu Fulfillment: Zum Fulfillment gehört vereinfacht alles von der Annahme der Ware über den Versand bis zum Retourenmanagement. Dienstleister übernehmen diese Aufgaben, wenn vom Start-up gewünscht, komplett. Das heißt also nichts anderes, als dass die Ware vom Hersteller direkt zum Fulfillment-Dienstleister geliefert, dort gelagert und dann auf Anweisung, also auf Bestellung, an den jeweiligen Kunden verschickt wird. Der Vorteil dieser Dienstleistung besonders auch für Gründer ist, dass sich das Unternehmen auf die Vermarktung der Produkte konzentrieren kann und die Logistik den Profis überlässt.

Anbieter (Auswahl): Hier eine Übersicht über die relevanten Anbieter für professionelle Shopsysteme. Lösungen für Kleinunternehmer oder für Leute, die etwas Geld mit ihrem Hobby verdienen wollen, sind bewusst nicht aufgeführt.

Abb. 28: Topanbieter professioneller Shopsysteme

Der Anbieter für Onlineshops, der am schnellsten wächst, scheint derzeit Shopify zu sein. Das Unternehmen, das erst 2006 gegründet wurde, hat laut BuiltWith inzwischen einen Marktanteil von 27 Prozent (Shopify 21 Prozent, Shopify Plus sechs Prozent).

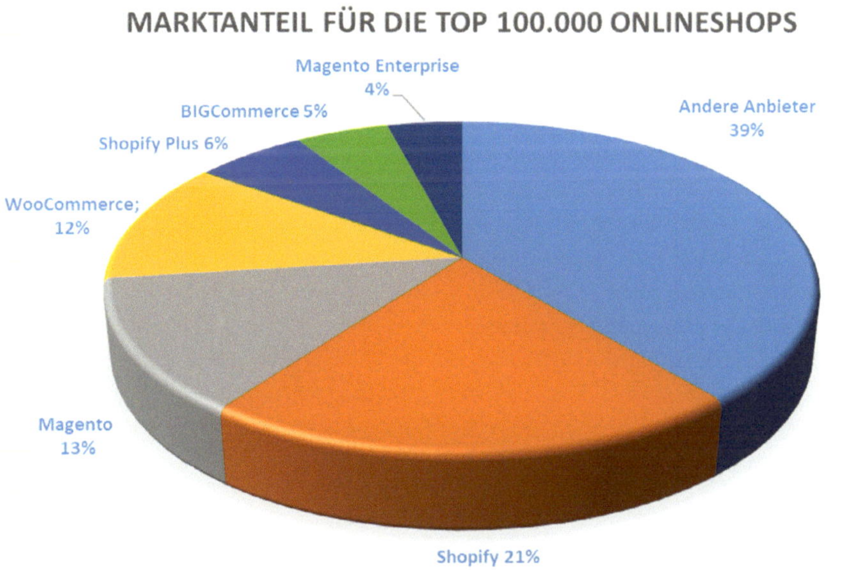

Abb. 29: Marktanteil der E-Commerce-Plattformen für die TOP 100.000 Onlineshops

13.2 CRM-Systeme

Das für mich wichtigste Tool ist das CRM-System (Customer-Relationship-Management).

Beschreibung: CRM-Systeme sind Kundenverwaltungsprogramme. Sobald das Unternehmen mehrere Kunden hat, die Kommunikation über verschiedene Kanäle läuft oder verschiedene Mitarbeiter Kontakt zu Kunden haben, müsst ihr umgehend ein CRM-System einzusetzen. Die angebotenen Systeme sind allerdings sehr unterschiedlich.

Wichtig für: alle! Eigentlich das Pflichttool (jedenfalls aus Sicht des Vertrieblers)

Zwei wichtige, grundlegende Aspekte vorab: Das CRM-System soll von allen Mitarbeitern im Innen- und Außendienst genutzt werden. Die Bedienung muss also einfach sein. Schaut euch die Lösungen in Ruhe an. Der Wechsel von einem CRM-System zu einem anderen System ist sehr mühsam. Drum prüft, bevor ihr euch ewig bindet! Und: Durch die zentrale Datenhaltung werden CRM-Systeme im Vertrieb, im Marketing sowie im Support und in der Betreuung der Kunden eingesetzt. Also überlegt, wo ihr in den nächsten Jahren hinwollt und erstellt ein Anforderungsprofil. Erst dann geht ihr auf die Suche nach dem Anbieter.

Darauf solltet ihr bei der Auswahl achten:
- Ist die Lösung einfach und intuitiv zu nutzen?
- Wie schnell geht die Einrichtung?
- Gibt es eine Anbindung an Social Networks?
- Gibt es eine Anbindung an die Telefonanlage?
- Werden die Leads automatisch bewertet?
- Werden Plug-Ins und Apps angeboten?
- Ist die DSGVO geregelt?
- Ist die Abrechnung für euch transparent?
- Wie sind die Vertragslaufzeiten bei der Miete?
- Wie ist der Support?
- Gibt es eine kostenlose Testphase?
- Gibt es ein SSL-Zertifikat?

Anbieter (Auswahl): Hier eine Übersicht über die relevanten Anbieter für professionelle CRM-Systeme.

Abb. 30: Relevante Anbieter professioneller CRM-Systeme

13.3 Conversion-Optimierung

Beschreibung: Besucher (Traffic) auf eine Webseite zu kriegen, ist schwierig und teuer. Umso ärgerlicher, wenn die Besucher die Seite schnell wieder verlassen. Die folgenden Tools helfen, die Website zu optimieren und die Conversion Rate, also die Statusänderung beispielsweise von Besucher zu Kunde, zu erhöhen. Schaut bei der Auswahl genau hin, denn es gibt viele Anbieter und jeder hat einen anderen Ansatz.

Wichtig für: alle Start-ups, die den Onlineshop optimieren oder die Lead-Generierung verbessern wollen

Anbieterauswahl (alphabetisch):
- ABlyft: www.ablyft.com/de
- AB Tasty: www.abtasty.com/de
- eTracker: www.etracker.com
- Google Optimize: www.marketingplatform.google.com/about/optimize
- SiteSpect: www.sitespect.com

13.4 E-Mail-Marketing

Beschreibung: Auch wer Mails als Newsletter verschickt, kommt um ein professionelles Tool nicht herum. Der Vorteil beim E-Mail-Marketing ist der direkte Kontakt zum (potenziellen) Kunden. Und das auf einem sehr preiswerten Weg.

Wichtig für: Start-ups, die einen größeren Kundenkreis aufbauen und Kunden bzw. Interessenten regelmäßig über Neuigkeiten informieren wollen

Anbieterauswahl (alphabetisch):
- Benchmark: www.benchmarkemail.com
- CleverReach: www.cleverreach.com
- Mailchimp: www.mailchimp.com
- Mailjet: www.mailjet.de
- SendinBlue (bis 14.04.2020 Newsletter2Go): www.sendinblue.com

13.5 Erklärvideos

Beschreibung: Immer häufiger werden Erklärvideos auf Webseiten eingesetzt. Komplexe Sachverhalte können dem Konsumenten auf diese Weise verständlich und einfach vermittelt werden.

Wichtig für: erklärungsbedürftige Produkte oder Lösungen, oft im B2B-Bereich

Anbieterauswahl (alphabetisch):
- Animaker: www.animaker.de
- Bitable: www.bitable.com
- Mysimpleshow: www.mysimpleshow.com
- PowToon: www.powtoon.com

Hinweis: Die professionelle Umsetzung durch Erklärvideo-Produzenten ist nicht gerade günstig. Die Preise fangen bei ca. 3.000 Euro an und können auch schon mal in den fünfstelligen Bereich gehen.

13.6 Homepage-Baukasten

Beschreibung: Baukastensysteme, die die schnelle und kostengünstige Erstellung einer Website ermöglichen

Wichtig für: alle! Wiederum ein Pflichttool (jedenfalls aus Sicht des Vertrieblers)

Anbieter (alphabetisch):
- Homepage-Baukasten.de: www.homepage-baukasten.de
- IONOS: www.ionos.de

- Jimdo: www.jimdo.com
- SimpleSite: www.simplesite.com
- Wix: www.wix.com

13.7 Wettbewerbsanalyse

Beschreibung: Einen Markt ohne Mitbewerber gibt es nicht. Aber was macht die Konkurrenz eigentlich genau, was genau macht sie anders, wo sind ihre Stärken und Schwächen? Tools zur Analyse der Konkurrenz helfen, den Überblick zu behalten.

Wichtig für: alle Start-ups, die bis zu 20 Mitbewerber haben. Im Massenmarkt ist der Einsatz nicht sinnvoll.

Anmerkung: Einige dieser Tools haben unterschiedliche Ausrichtungen in der Analyse. Hier müsst ihr einfach mal schauen, welches Tool euch am besten weiterhilft.

Anbieterauswahl (alphabetisch):
- Majestic: www.majestic.com
- SEMrush: www.semrush.com
- Serpstat: www.serpstat.com
- SimilarWeb: www.similarweb.com
- Wappalyzer: www.wappalyzer.com

13.8 KPI-Dashboards

Beschreibung: KPIs und ihre Bedeutung haben wir bereits in Kapitel 12 behandelt. Die Dashboards für KPIs visualisieren diese wichtigen Unternehmenskennzahlen und zeigen euch, ob ihr auf dem richtigen Weg seid.

Wichtig für: alle! Bzw. all die, die das Unternehmen mit KPIs steuern wollen (was ihr als Muss betrachten solltet)

Anbieterauswahl (alphabetisch):
- Baremetrics: www.baremetrics.com
- Dashheroo: www.dasheroo.com
- Geckoboard: www.geckoboard.com
- Klipfolio: www.klipfolio.com
- Simple-KPI: www.simplekpi.com

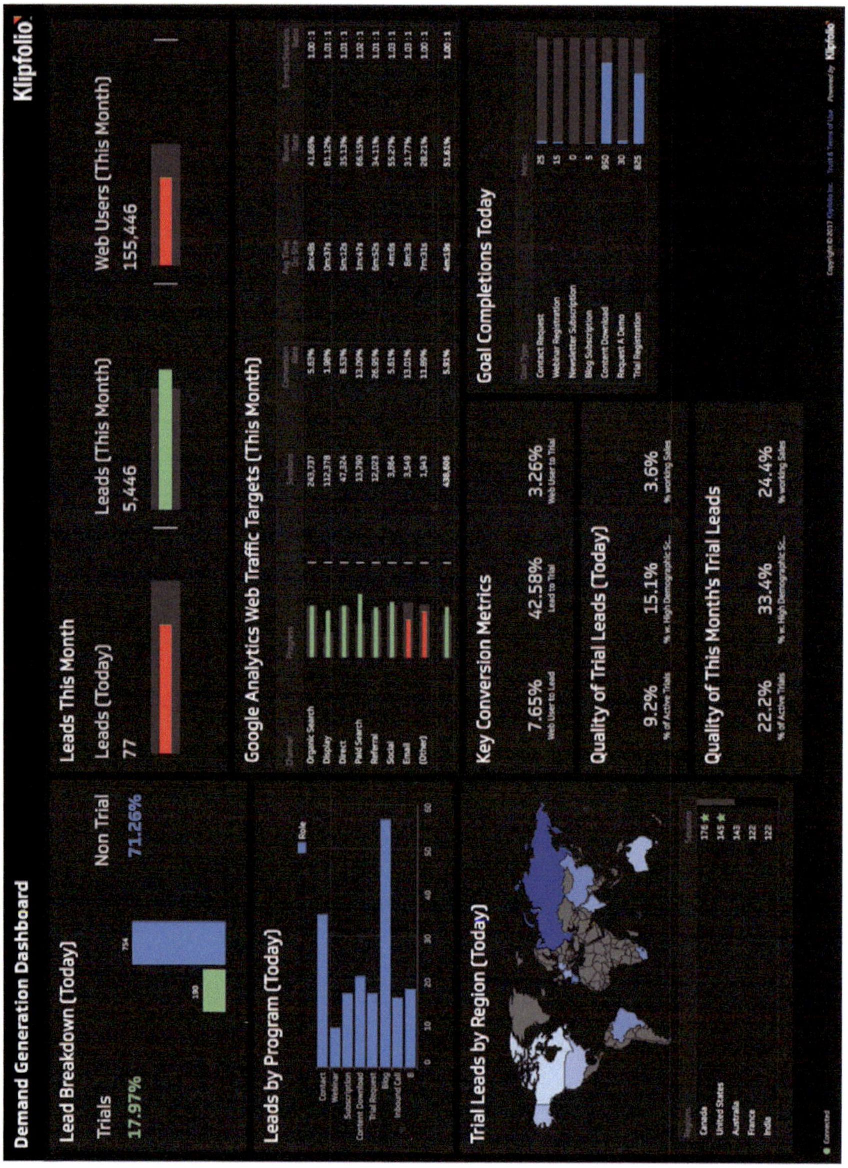

Abb. 31: KPI-Dashboard von Klipfolio (Quelle: https://www.klipfolio.com/marketing)

13.9 Preisoptimierung

Beschreibung: Werkzeuge zur Preisoptimierung helfen euch, aufgrund verschiedener Faktoren den optimalen Preis für euer Produkt zu finden. Gerade wenn ihr viele Produkte auf unterschiedlichen Kanälen anbietet, kann sich eine Arbeit mit dem Tool lohnen. Je nach Anbieter der Software wird der bestmögliche Preis aufgrund eurer Strategie, der Preiselastizität des Produktes und eurer internen Daten berechnet und automatisch auf allen Kanälen angepasst.

Wichtig für: Onlinehändler mit vielen Produkten auf verschiedenen Vertriebskanälen

Anbieterauswahl (alphabetisch):
- Cometera: www.competera.net
- Price2spy: www.price2spy.com
- Priceintelligence: www.priceintelligence.net
- Pricelab: www.pricelab.co
- Prisync: www.prisync.com

13.10 Websiteanalyse (SEO-Tools)

Beschreibung: SEO-Tools (Search Engine Optimization) bilden die Basis für die notwendige Suchmaschinenoptimierung und helfen, eine fundierte Analyse der eigenen Website durchzuführen. Anhand der Daten und Auswertungen könnt ihr den Ist-Stand sowie mögliches Verbesserungspotenzial ermitteln und eure Seiten optimieren, um bessere Rankings zu erzielen.

Wichtig für: jedes Unternehmen, das mehr mit seiner Webseite erreichen und im Google-Ranking immer oben mitspielen will

Anbieterauswahl (alphabetisch):
- Nibbler: www.nibbler.silktide.com
- Seobility: www.seobility.net
- Seorch: www.seorch.de
- SEO Site Checkup: www.seositecheckup.com
- Woorank: www.woorank.com

TAKE AWAY

- Kümmert euch rechtzeitig um professionelle, leicht bedienbare Tools.
- Schaut euch auch kostenlose Tools an oder startet mit einer Testversion.
- Stellt eine Prioritätenliste auf: Was müsst ihr zwingend haben, was ist nice-to-have?
- Denkt dran: Die Einarbeitung und Einrichtung von neuen Tools nimmt sehr viel Zeit in Anspruch. Später sparen sie euch Zeit und bringen viele wichtige Erkenntnisse.

14 Baustein 11: Verkaufsunterlagen

Zu Beginn meiner Beratung bei einem jungen Unternehmen lasse ich mir die Verkaufsunterlagen zeigen. Das zeigt mir, welchen Stellenwert der Vertrieb im Unternehmen hat. Und meist muss ich feststellen, dass die Unterlagen fehlen, mangelhaft oder lieblos aufbereitet sind. In einigen Fällen ist es mir auch schon untergekommen, dass Unterlagen von Mitbewerbern kopiert wurden, dabei aber nicht einmal der Firmenname ausgetauscht wurde. Das ist schlicht peinlich, allein, wenn der Kunde die AGBs erhält und sich die Geschäftsbedingungen eines Konkurrenten durchliest. Gründer, die in diesem Bereich bereits gut aufgestellt sind, können jetzt sicher einiges überspringen. Das Unterkapitel 14.3 (Battle Card) empfehle ich dennoch: eine Unterstützung für den Außen- und auch den Innendienst, die in jungen Unternehmen selten eingesetzt wird.

In der Folge findet ihr eine Übersicht der wichtigen Verkaufsunterlagen.

14.1 Sales Pitch

Viele Vertriebsmitarbeiter konzentrieren sich darauf, ihre Präsentationen auffällig, unterhaltsam und aufregend zu gestalten. Aber sie tun wenig, um sicherzustellen, dass eine Präsentation das Hauptanliegen, sprich das zentrale Problem, des potenziellen Kunden anspricht und eine unwiderstehliche Lösung bietet. Eine häufige Reaktion darauf: »Eine sehr gute Präsentation, aber wir brauchen noch etwas Zeit, um darüber nachzudenken.«

Der Hauptzweck eines Sales Pitchs besteht darin, eine Lösung vorzustellen, die dazu führt, dass der Interessent von eurem Unternehmen kauft. Ein Sales Pitch ist eine Folienpräsentation (z. B. PowerPoint), die als Ergänzung zu einem Verkaufsgespräch verwendet wird. Das Verkaufsgespräch wird von einem Verkäufer an einen Interessenten gegeben. Sie enthält einen Überblick über das Produkt oder die Dienstleistung, bietet ein Werteversprechen und eine Lösung für den Interessenten und enthält Beispiele für Erfolgsgeschichten anderer Kunden.

Fünf Tipps zur Präsentation mit einem Sales Pitch
Mit diesen fünf Tipps für das richtige Sales Pitch erhöht ihr eure Chancen auf einen Verkaufsabschluss deutlich.

1. **Führt mit Lösungen.**

Kein Kunde will hören, wie toll euer Unternehmen oder euer Produkt ist. Stellt euch konzentriert die Frage, was das Problem des Kunden ist. Versetzt euch in seine Lage. Und dann präsentiert die Lösung. Das bedeutet aber, dass ihr kein Standard-Sales-

Pitch nehmen dürft. Wenn ihr das Problem des Kunden löst und dies in einem Sales-Pitch glaubhaft rüberbringt, habt ihr schon fast gewonnen. Also erstellt ein individuelles Sales-Pitch.

2. **Baut Use Cases ein.**

Wenn ihr die spezifischen Lösungen, die ihr dem Interessenten anbieten könnt, angesprochen habt, dann solltet ihr auch Beweise vorbringen. Bringt einen Use Case (Anwendungsfall) vor, in dem ein ähnliches Problem mit eurer Hilfe erfolgreich gelöst wurde. Denkt dran: Geschichten bleiben im Kopf hängen. Dieser Schritt ist wichtig, um Vertrauen und Glaubwürdigkeit aufzubauen, zumal Fallstudien eine Präsentation spannender und erlebbarer machen.

3. **Bittet um sofortiges Feedback.**

Das Problem von vielen Vertrieblern: Sie hören sich selbst gerne reden. Die meisten Präsentationen sind ein einseitiger Monolog des Verkäufers. Geht lieber in das Gespräch und bittet die Teilnehmer um sofortiges Feedback. So stellt ihr sicher, dass ihr und euer Interessent auf dem gleichen Stand bleibt. Kommt von den Zuhörern keine Reaktion? Dann stellt während der Präsentation kurze Fragen wie »Macht das Sinn?« oder »Können Sie sehen, wie das für Sie funktionieren würde?«

4. **Achtet auf Signale.**

Ihr solltet immer wissen, was der Kunde denkt. Jede Unterbrechung ist die perfekte Gelegenheit, dies herauszufinden. Wann immer euer Gegenüber euch unterbricht – entweder mit einer verbalen Bemerkung oder einer Veränderung seines Gesichtsausdrucks oder seiner Körperhaltung –, macht sofort eine Pause. Fragt direkt nach und kommt mit ihm ins Gespräch. Ermuntert die Kunden, Fragen zu stellen oder Bedenken zu äußern. Denkt dran: Die Gelegenheit, auf diese Bedenken einzugehen, ist immer wertvoller als das, was ihr gerade sagen wollt.

5. **In der Kürze liegt die Würze.**

Eure Präsentation sollte so kurz wie möglich sein. Es ist ganz natürlich, dass sich Verkäufer für das, was sie zu sagen haben, begeistern. Aber das führt dazu, dass die meisten von ihnen viel sehr ausschweifen. Die Kunden interessieren sich letztlich nur für sich selbst und ihre Herausforderungen. Präsentiert also genau und nur die Informationen, an denen sie interessiert sind. Denkt dran: Weniger ist oft mehr.

14.2 Battle Card

Noch nie gehört? Synonyme sind Argumentationshilfe, Gesprächsleitfaden, Bedarfsanalyse, Spickzettel, Einwandbehandlung.

Die Battle Card wird meiner Meinung nach im Vertrieb viel zu selten genutzt. Sie ist der Spickzettel für alle Mitarbeiter, die mit Kunden zu tun haben. Also ganz klar auch für den Vertrieb. Was ist aber nun die Idee der Battle Card?

Üblicherweise enthält eine Battle Card (was für mich allerdings etwas zu wenig ist):

- den USP, also das Alleinstellungsmerkmal,
- das Werte- und Leistungsversprechen (Customer Value Proposition),
- wichtige Produktkennzahlen,
- die Preise,
- Liefer- und Zahlungsbedingungen.

Wie gesagt, für mich als Vertriebler ist das etwas zu wenig. Von einem guten Mitarbeiter erwarte ich sowieso, dass er sein Produkt mit all seinen Vorzügen in- und auswendig kennt. Aber hat er auch die Antworten auf alle Einwände des Kunden? Kennt er die Stärken und die Schwächen der Produkte des Wettbewerbers? Kurzgefasst: Es geht um einen Vergleich der verschiedenen Angebote auf dem Markt. Aus diesem Grund empfehle ich die Ausweitung der Battle Cards um:

- Firmeninfos/Informationen über den oder die Mitbewerber

Das ist sicher eine gewisse Herausforderung, denn auch bei ihnen gibt es regelmäßig Veränderungen. Und das nicht nur am Produkt oder an der Dienstleistung selbst, nein, auch innerhalb des Unternehmens.

Ein Szenario: Ein Kunde sagt euch im Gespräch, dass er mit dem Produkt eures Mitbewerbers XY liebäugelt. Wenn ihr alle Informationen über den Konkurrenten habt, könnt ihr antworten: »Oh, das überrascht mich. XY hat doch gerade den großen Auftrag von der ABC AG verloren. Und drei Mitarbeiter aus der Entwicklungsabteilung haben die Firma verlassen.« Glaubt ihr, dass der Kunde nach dieser Aussage, die natürlich fundiert sein muss, sich seiner Liebäugelung noch sicher ist?

Noch ein schönes Statement eurerseits: »Sie haben sich für den Anbieter XY entschieden? Der hat doch den Großauftrag der DEF AG erhalten. Meines Wissens ist er dadurch in der Produktion für die nächsten Wochen ausgelastet. Ich war der Meinung, Sie benötigen die Lieferung bis Ende des Monats. Kann XY denn auch bis zu Ihrem gewünschten Termin liefern?«

Damit euer Vertrieb aber auch alle Informationen über den Mitbewerber hat, müsst ihr die Battle Cards erstellen. Und sie immer aktuell halten. Ihr gebt euren Leuten an der Verkaufsfront damit ein unschätzbar gutes Werkzeug an die Hand. Für wen sind diese Vertriebsunterlagen interessant? Nun, für alle, die mit dem Kunden zu tun haben, aber hauptsächlich für die Männer und Frauen an der Vertriebsfront, dem Außendienst.

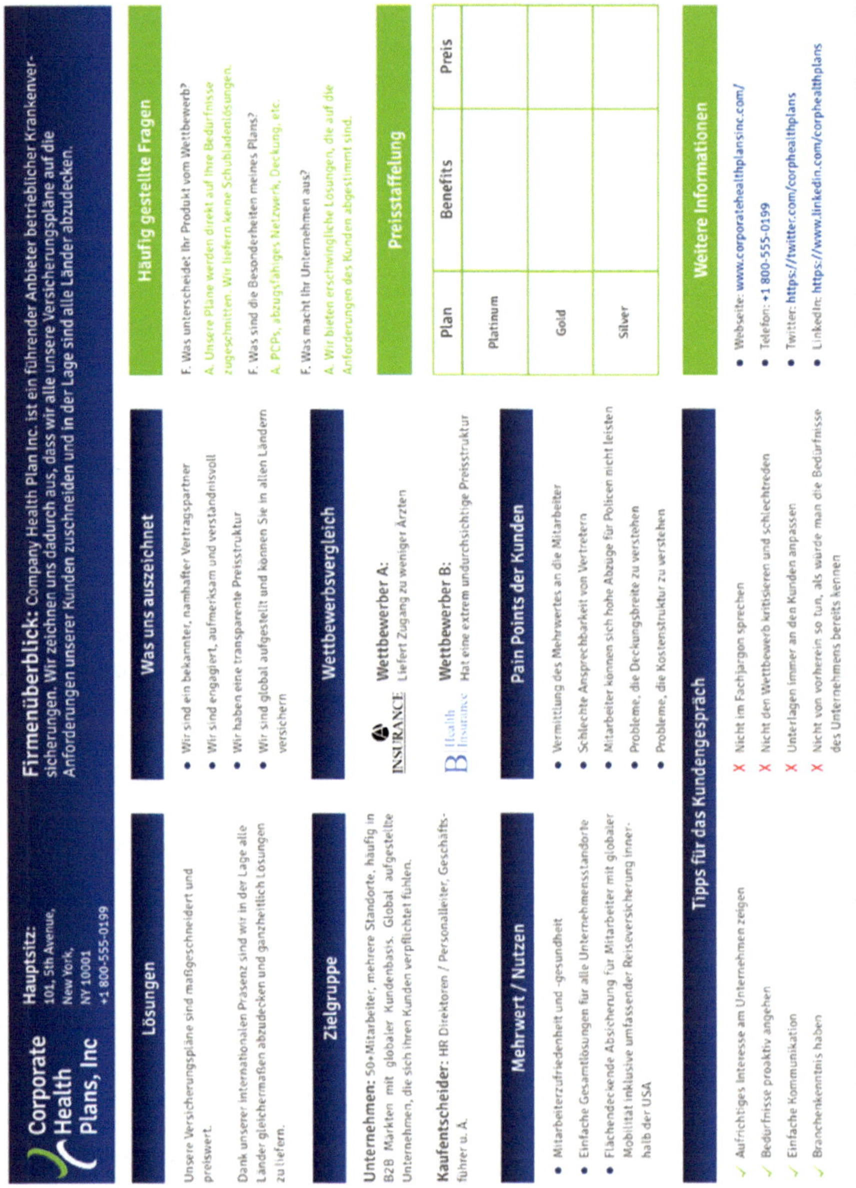

Abb. 32: Beispiel für eine Battle Card (Quelle: https://www.b2binternational.de/2018/08/09/battle-cards-spickzettel-fuer-ihr-vertriebsteam)

14.3 Angebot

Ein Kunde hat starkes Interesse an einem Produkt oder an der Lösung des Unternehmens: »Schicken Sie mir doch bitte noch ein Angebot.« Und was ich dann, gar nicht so selten, zu sehen bekomme, grenzt teilweise schon an Körperverletzung. Der Kunde ist kurz vor dem Abschluss, der Fisch ist praktisch schon an der Angel. Aber im Unternehmen macht sich keiner die Mühe, ein vernünftiges Angebot zu erstellen.

Und genau hier könnt ihr euch mit eurem Start-up zum Ende des Verkaufsprozesses deutlich von euren Mitbewerbern abheben. Traut euch und baut ein herausragendes, professionelles Angebot, das ihr z. B. als PDF versenden könnt.

Das 7-Seiten-Angebot
Seite 1: Deckblatt mit eurem Firmennamen und Logo sowie eindeutigem Betreff (Angebot zu [eure Leistung] für XYZ GmbH)

Seite 2: Stärken eures Unternehmens: Wieso seid ihr der richtige Partner?

Seite 3: Zahlen über euer Start-up: Gründungsjahr, Gründerteam, Anzahl Mitarbeiter, abgewickelte Projekte, installierte Software, Referenzkunden, Kundenstimmen, gewonnene Wettbewerbe. Ganz klar, wenn ihr gerade erst gestartet seid, dann wird es natürlich etwas schwerer, von Kunden und Projekten zu erzählen. Dann berichtet von eurer Vision und eurer Expertise oder der eurer Mitarbeiter.

Seite 4: Inhalt eures Angebots – Benennt das Problem des Kunden und beschreibt eure Lösung kurz, spannend und attraktiv.

Seite 5: Preis und die Zahlungsbedingungen

Seite 6: Referenzen, Siegel, evtl. auch Preise auf Wettbewerben

Seite 7: Kontaktdaten

Ein Start-up, bei dem wir die Angebote nach diesem Muster erstellt haben, hat seine Conversion (also den Prozentsatz der Angebote, die zu einem Auftrag wurden) in einem umkämpften Markt von 34 Prozent auf 58 Prozent erhöht.

14.4 Produktblatt/Datenblatt

Erstellt ein Produktblatt mit allen Informationen zu eurer Lösung bzw. zu eurem Produkt, eventuell auch mit Bild. Idealerweise nur eine, maximal zwei Seiten. Dies ist etwas anders als das Sales Deck. Hier geht es nur um technische Daten und relevante Details. Zielgruppe sind hier eher die Anwender, also der Techniker, der IT-Fachmann oder der Mensch an der Maschine. Und sie müssen alle wichtigen Informationen erhalten.

14.5 Preisliste

Eigentlich selbstverständlich. Aber denkt noch einmal an die vorhergehenden Kapitel zum Thema Preis. Bereitet die Preisliste ordentlich und verständlich auf. Wenn möglich, gebt den Kunden nicht zu viel Auswahl an Preisalternativen – ich empfehle drei. Wenn ihr das clever anstellt, werdet ihr feststellen, dass die meisten Kunden den Preis in der Mitte wählen.

14.6 Allgemeine Geschäftsbedingungen

Meine Erfahrung: Sie werden aus Kosten- und Zeitgründen gerne von Mitbewerbern kopiert. Das ist keine gute Idee. Denn meist hat auch der Mitbewerber kopierte Unterlagen. Auch solltet ihr nicht einfach im Internet recherchieren und eure AGBs selbst erstellen. Sucht euch einen Fachanwalt, der sich mit AGBs und Internetrecht auskennt.

14.7 Datenschutz-Grundverordnung

Das gehört nicht so richtig zum Thema Vertrieb, die Datenschutz-Grundverordnung (DSGVO) muss aber auf jede Website. Und die werdet ihr sicher haben. Hier gilt das gleiche wie für die AGBs: nicht kopieren, sondern einen Fachmann beauftragen. Hier muss jedes Unternehmen sich um eine individuelle Lösung kümmern. Gerade das Thema Kundendaten ist äußerst sensibel. Da geht es darum, welche Daten des Kunden wie lange gespeichert werden. Wo werden die Daten gespeichert? Auf den eigenen Servern oder bei einem Dritten? Hat ein anderes Unternehmen Zugriff auf die Daten, also z. B. die Webdesignagentur, die euren Internetauftritt betreut? Und dies ist nur eine kleine Auswahl an Fragen. Das Thema ist umfangreich und darf nicht unterschätzt werden. Meine Erfahrung: Wenn ihr Konzerne als Kunden gewinnen wollt, solltet ihr die DSGVO mit höchster Priorität behandeln.

14.8 Onboarding

Wenn der Kunde unterschrieben hat, endet der Job des Vertriebs noch lange nicht. Der Kunde soll sich von Anfang an bei euch wohlfühlen. Erstellt also ein Willkommenspaket. Das kann materiell, physisch oder virtuell sein. Gibt es ein schönes oder witziges Abbild eures Produkts zum Anfassen? Wie erklärt ihr das Produkt oder eure Lösung? Persönlich vor Ort oder über Screensharing? Wenn ihr euch hier Mühe gebt, und das muss gar nicht aufwendig sein, gibt das eurem Kunden Vertrauen und Sicherheit. Und genau diese Kunden bleiben euch länger oder gar langfristig erhalten.

14.9 Handbuch

Das ist natürlich nur sinnvoll bei erklärungsbedürftigen Produkten und Lösungen, aber dann auch nötig. Je besser, verständlicher und professioneller das Handbuch, desto weniger Rückfragen kommen bei euch an. Und es kann ein, zugegeben kleines, Verkaufsargument sein.

14.10 FAQs

Die gleichen Argumente wie beim Handbuch. Notiert die Fragen eurer Kunden zu eurem Produkt oder eurer Dienstleistung und beantwortet sie verständlich und kundenorientiert auf eurer Website. Diese Fragen und Antworten helfen Interessenten häufig bei ihrer Entscheidung.

TAKE AWAY

- Kümmert euch rechtzeitig um eure Verkaufsunterlagen – nicht erst, wenn ihr sie benötigt.
- Mit professionellen und überzeugenden Verkaufsunterlagen könnt ihr euch spürbar von euren Mitbewerbern abheben.

15 Baustein 12: Vertriebsstrategie

Der Kern jeder Strategie besteht darin, eine andere Position einzunehmen als der Mitbewerber. Der häufigste strategische Fehler ist die Imitation.
Michael E. Porter, Ökonom

Rund 50 Prozent aller Gründungen scheitern schon in den ersten beiden Jahren. Nach drei Jahren haben 80 Prozent aufgegeben und nach mehr als fünf Jahren ist höchstens noch eins von zehn Start-ups im Rennen – das dafür aber meist mit großem Erfolg. Der Grund für den Erfolg oder Misserfolg des Unternehmens liegt oft am Vertrieb.

Ihr habt in den vorangegangenen Kapiteln elf Bausteine kennengelernt. Nun seid ihr in der Lage, eine Vertriebsstrategie zu entwickeln. Denkt daran: Die Vertriebsstrategie bezeichnet eine mittel- und langfristig angestrebte, planvolle Gestaltung der Vertriebsfunktion im Rahmen des Marketingplans.

Dazu gehören

- die Positionierung und das Markenversprechen des Unternehmens,
- die Ressourcen an Manpower und Kapital, die euch zur Verfügung stehen,
- die Analyse der Wettbewerber und laufende Beobachtung,
- das Alleinstellungsmerkmal (USP), der Elevator Pitch und eventuell das Storytelling,
- die Festlegung der Zielgruppen sowie der Personas,
- die Vertriebswege,
- das Preismodell mit den Preisen und Konditionen,
- der Marketingplan,
- die Vertriebsziele und die KPIs,
- die eingesetzten Tools sowie
- die Verkaufsunterlagen.

TAKE AWAY

- Nutzt das Startup Sales Canvas ®. Druckt es aus, idealerweise auf DIN A0 oder DIN A1. Und dann trefft euch mit allen Beteiligten in einem Meetingraum. Also mit allen, die mit dem Kunden auch nur irgendwie in Berührung kommen. Nutzt Post-its und Flipcharts.
- Geht das Canvas Schritt für Schritt »nach der Schnecke« (s. Abb. 3) durch, also Baustein für Baustein. Wenn ihr an einem Punkt hängenbleibt, geht zurück oder überspringt den Punkt und schaut ihn euch später erneut an.
- Lasst alle Ideen zu – seid offen für »Querdenker«. Oft sind Start-ups mit kreativen Vertriebsideen erfolgreich. Seid mutig!

- Wenn ihr eure Vertriebsstrategie fertig erstellt habt, fasst alles schriftlich zusammen. Jeder Mitarbeiter, der am oder mit dem Kunden arbeitet, erhält ein Exemplar.
- Geht direkt an die Umsetzung und verteilt die Aufgaben: Wer erstellt die Preisliste, wer gestaltet den oder die Buyer Personas, wer richtet die KPIs ein und so weiter.

Denkt daran: Eine Vertriebsstrategie ist nicht an einem Nachmittag nebenbei erstellt. Manchmal benötigt man mehrere Tage, oft wird auch ein Berater benötigt, der den Prozess moderiert.

Wenn ihr die Vertriebsstrategie erstellt habt, legt sofort einen Termin in drei Monaten fest, in dem ihr die Strategie überprüft und gegebenenfalls anpasst.

Eure Vertriebsstrategie ist die schriftliche Zusammenfassung all der Erkenntnisse und Ergebnisse aus den vorherigen Bausteinen.

Wenn ihr nach dem Umfang einer Strategie fragt: Das kann ich euch nicht beantworten. Ich kann euch nur den Tipp geben, sie so eindeutig, präzise und verständlich wie möglich für alle Beteiligten zu verfassen. Denkt immer an das Zitat von Lucius Annaeus Seneca: »Wer den Hafen nicht kennt, in den er segeln will, für den ist kein Wind der richtige.«

16 Auf ein Schlusswort!

Vor einiger Zeit stellte ich vor Studenten das Startup Sales Canvas ® vor. Nach meinem Vortrag kam einer der Zuhörer zu mir und meinte: »Wissen Sie, Herr Wächter, mein Motto ist: Je genauer du planst, desto härter trifft dich der Zufall.« Teilweise musste ich ihm recht geben. Ich erhalte pro Woche zwischen zwei und drei Businesspläne. Teilweise haben die Pläne über sechzig Seiten. In den Finanzdaten sehe ich dann die geplanten Ausgaben für Telefon, Porto, Bürobedarf und sonstige Kosten für die nächsten fünf Jahre. Richtig gehört, für die nächsten fünf Jahre. Und in diesem Fall musste ich dem Studenten mit seiner Aussage recht geben. Hier ist die Planung über das Ziel hinausgeschossen.

Im Vertrieb, und speziell beim Startup Sales Canvas ®, ist das meines Erachtens etwas komplett anderes. Denkt an die Zahlen: Nach zwei Jahren scheitern fünfzig Prozent der Start-ups, nach drei Jahren sind achtzig Prozent vom Markt verschwunden. Der Vertrieb entscheidet über Erfolg und Misserfolg eures Unternehmens. Und ihr könnt eure Chancen deutlich verbessern, wenn ihr eine vernünftige und durchdachte Vertriebsstrategie erstellt – das Startup Sales Canvas ® kann euch dabei helfen. Also nehmt euch Zeit und macht euch über jeden Baustein intensiv Gedanken. Kaum ein Gründerteam hat ausreichend finanzielle Mittel, um sich mehrere Fehler in der Akquise von Kunden zu leisten. Ein Fehler? Wenn er rechtzeitig bemerkt wird, okay. Aber ein zweiter und dritter Fehler kann das Ende eines vielversprechenden Start-ups sein.

Aber auch mit der richtigen Vertriebsstrategie ist die Kundengewinnung kein Kinderspiel. Das ist harte Arbeit – und zwar jeden Tag.

Denkt an die vielleicht wichtigste Botschaft: Da draußen sind die Kunden, aber keiner von ihnen hat auf euch gewartet.

Wenn ich eins in meiner langjährigen Vertriebstätigkeit festgestellt habe, dann ist es, dass viele Unternehmen immer noch viel zu stark allein auf die Produkte ausgerichtet sind – und nicht darauf, wie die Kunden denken. Zieht die Kundenbrille an und denkt wie ein Kunde.

Also nutzt das Startup Sales Canvas ®, gebt Gas und bringt die Vertriebs-PS auf die Straße.

Ich wünsche euch mit eurer Geschäftsidee viel Erfolg. Schreibt mir eure Erfahrungen oder Anregungen gerne per Mail an info@startup-sales-canvas.de.

Literaturverzeichnis

Aulet, Bill (2016): Startup mit System. O`Reilly. Heidelberg.

Bauer, Florian; Koth, Hardy (2014): Der unvernünftige Kunde. Redline Verlag. München.

Binckebanck, Lars; Elste, Rainer (2016): Digitalisierung im Vertrieb. Springer Fachmedien.

Bürkle, Hans (2010): Mythos Strategie. GWV Fachverlage. Wiesbaden.

Deltl, Johannes (2011): Strategische Wettbewerbsbeobachtung. Gabler Verlag. Wiesbaden.

Flor; Frauenhuber; Liebscher; Wildhaber (2003): Franchising – Die Königsklasse der Vertriebssysteme. Hermann Luchterhand Verlag. München.

Friedrich, Kerstin; Malik, Fredmund; Seiwert, Lothar (2011): Das große 1 x 1 der Erfolgsstrategie. GABAL Verlag. Offenbach.

Frohmann, Frank (2018): Digitales Pricing. Springer Fachmedien. Wiesbaden.

Grabs, Anne; Bannour, Karim-Patrick; Vogl, Elisabeth (2019): Follow me!. Rheinwerk Verlag. Bonn.

Grichnik, Dietmar; Heß, Manuel; Probst, Diego; Antretter, Torben; Pukall, Britta (2018): Startup Navigator. Frankfurt Allgemeine Buch. Frankfurt.

Großklaus, Rainer H.G. (2015): Positionierung und USP. Springer Fachmedien. Wiesbaden.

Herzberger, Tomas; Jenny, Sandro (2019): Growth Hacking. Rheinwerk Verlag. Bonn.

Häusel, Dr. Hans-Georg (2016): Brain View. Haufe. Freiburg.

Häusel, Dr. Hans-Georg (2000): Think Limbic: Die Macht des Unbewussten verstehen und nutzen für Motivation, Marketing, Management. Haufe. Freiburg.

Häusel, Dr. Hans-Georg; Henzler, Dr. Harald (2018): Buyer Personas. Haufe. Freiburg.

Jacobsen, Jens; Meyer, Lorena (2018): Praxisbuch Usability und UX. Rheinwerk Verlag. Bonn.

Katzengruber, Werner; Pförtner, Andreas (2017): Sales 4.0. Wiley-VCH Verlag. Weinheim.

Kotler, Philip; Amstrong, Gary; Harris, Lloyd C.; Piercy, Nigel (2019): Grundlagen des Marketing. Pearson. Hallbergmoos.

Lammenett, Dr., Erwin (2019): Online-Marketing-Konzeption. Erwin Lammenett. Aachen.

Levinson, Jay Conrad (2001): Guerilla Marketing. Heyne Verlag. Frankfurt.

Meierhofer, Lukas (2013): Verkaufen heißt Verstehen. BusinessVillage. Göttingen.

Nebel, Jürgen; Schulz, Albrecht; Wessels, Andrea M. (1999): Das Franchise-System. Luchterhand. Neuwied.

Osterwalder, Alexander; Pigneur, Yves (2010): Business Model Generation. Campus Verlag. Frankfurt.

Pellny, Michael; Bähr, Claudius (2019): Workbook Vertriebsstrategie. Publicis Pixelpark. Erlangen.

Ries, Al; Trout, Jack (1999): Die 22 unumstößlichen Gebote im Marketing. Econ-Verlag. München.

Sammer, Petra (2015): Storytelling. O`Reilly. Heidelberg.

Sawtschenko, Peter (2005): Positionierung – das erfolgreichste Marketing auf unserem Planeten. GABAL Verlag. Offenbach.

Seßler, Helmut (2017): Limbic Sales. Haufe. Freiburg.

Simon, Hermann (2016); Fassnacht, Martin: Preismanagement. Springer Fachmedien. Wiesbaden.

Sinek, Simon (2019): Frag immer erst: Warum. Redline Verlag. München.

Spreer, Philipp (2018): PsyConversion. Springer Fachmedien. Wiesbaden.

Thönnessen, Felix (2019): Die Marketing-Kickbox – So wirst du zum Kundenchampion. Felix Thönnessen. Köln.

Abbildungsverzeichnis

Abb. 1: The Business Model Canvas nach Osterwalder ... 32
Abb. 2: Das Startup Sales Canvas ® von Klaus Wächter ... 36
Abb. 3: Das Startup Sales Canvas ® im Uhrzeigersinn ... 38
Abb. 4: Schwache und spitze Positionierung ... 47
Abb. 5: Die Nutzenkurve am Beispiel FinTech-Start-up und klassische Bank ... 48
Abb. 6: Die Nutzenspinne am Beispiel FinTech-Start-up und klassische Bank ... 49
Abb. 7: Das Positionierungskreuz am Beispiel Qualität und Preis ... 50
Abb. 8: USP – Unique Selling Proposition ... 69
Abb. 9: Der Fall Tollabox ... 82
Abb. 10: Buyer Persona – Beispiel 1 ... 93
Abb. 11: Buyer Persona – Beispiel 2 ... 94
Abb. 12: Das Auswahlparadox ... 97
Abb. 13: GRIPS ®-Typologie von Vocatus: Die fünf Entscheidertypen ... 98
Abb. 14: Die Sinus-Milieus® in Deutschland 2020 ... 103
Abb. 15: Globale Marktplätze 2020 ... 113
Abb. 16: Die Abflussfee von K.-H. Bilz: nach fünf Minuten ausverkauft ... 118
Abb. 17: Franchisesystem am Beispiel Coffee-Bike GmbH ... 119
Abb. 18: Die Berliner BROKERS BIERBÖRSE ... 135
Abb. 19: Kreative Außenwerbung am Beispiel SIXT ... 146
Abb. 20: Aktion zur Kundenrückgewinnung am Beispiel Capital ... 154
Abb. 21: Vergleichende Werbung am Beispiel Home24 ... 157
Abb. 22: Vergleichende Werbung am Beispiel Pepsi/Coca-Cola ... 157
Abb. 23: Guerilla-Marketing am Beispiel Car2Go ... 158
Abb. 24: Guerilla-Marketing am Beispiel einer Ballettschule ... 159
Abb. 25: Guerilla-Marketing am Beispiel eines Reisebüros ... 159
Abb. 26: Beispiele für Gütesiegel ... 161
Abb. 27: Beispiel für ein Dashboard ... 169
Abb. 28: Topanbieter professioneller Shopsysteme ... 177
Abb. 29: Marktanteil der E-Commerce-Plattformen für die TOP 100.000 Onlineshops ... 177
Abb. 30: Relevante Anbieter professioneller CRM-Systeme ... 179
Abb. 31: KPI-Dashboard von Klipfolio ... 182
Abb. 32: Beispiel für eine Battle Card ... 188

Stichwortverzeichnis

A

Alleinstellungsmerkmal 67

B

Budget 19
Business Angel 24
Business Model Canvas 31
Businessplan 22
Buyer Persona 91

C

Co-Founder 61

E

Elevator Pitch 70
Experteninterview
— Andreas Wächter 110
— Sarah Kübler 148
— Wendelin Abresch 56

G

Gründerteam 26, 28

K

Key Performance Indicator (KPI) 167
Kunde
— Entscheidertypen 98
— Kundenbefragung 28
— Kundenbeziehung 34
— Kundensegment 34
— Kundentypen 95
— Nichtkunde 104
— Wunschkunde 103

L

Liquidität 28

M

Markenversprechen 43
Marketing 143
— Guerilla-Marketing 158
— Inbound/Outbound 161
— mit kleinem Budget 144
Marktbedarf 28
Marktplatz (online) 112

N

Netzwerk 24

P

Plattform (online) 112
Positionierung 68
Positionierungsfehler 43
Preis
— der richtige Preis 127
— Preismodelle 130
— psychologische Effekte 138

R

Ressourcen 39

S

Standortwahl 25
Start-up
— Erfolgsbeispiele 50
— Gründe für das Scheitern 23
— Kooperation 88
— Startup Sales Canvas® 35
— Tools 175
Storytelling 73

U

Unique Selling Proposition (USP) 67

V

Vertrauenssäule 160
Vertrieb
— Verkaufsunterlagen 185
— Vertriebsmodell 31
— Vertriebsstrategie 193
— Vertriebswege 107
— Vertriebsziel 164

W

Wettbewerbe 22
Wettbewerbsanalyse 40

Z

Zielgruppe 78
— Fehler bei der Bestimmung 79
— Sinus-Milieus 102
— Zielgruppenanalyse 81
— Zielgruppenbesitzer 85

Der Autor

Klaus Wächter ist geboren und wohnhaft in Vallendar am Rhein.

Nach dem Abitur machte er in einer Steuerkanzlei eine Ausbildung zum Bilanzbuchhalter. Anschließend war er kaufmännischer Leiter in einer Verlagsgruppe, bei dem er unter anderem verantwortlich für dreißig Außendienstmitarbeiter war. Im Jahr 2001 startete Wächter seine Selbstständigkeit mit einem eigenen Start-up im Bereich Co-Working-Space.

Klaus Wächter hat in den letzten Jahren mehrere Start-ups gegründet. Zudem ist er als Investor und Berater an mehreren Unternehmen beteiligt und unterstützt Gründer und Unternehmer in ihrer Startphase. Neben seiner Beratertätigkeit ist er als gefragter Referent und Autor tätig und Experte für Vertriebsfragen bei digitalen Geschäftsmodellen. Dabei konzentriert er sich primär auf die Begleitung von Start-ups und jungen Unternehmen. Alle seine Erfahrungen stammen aus der Praxis an der Verkaufsfront.

Seit 2016 ist er der 1. Vorsitzende der Business Angels Rheinland-Pfalz sowie Scout für den High-Tech-Gründerfonds. Dazu ist er als Coach und Mitglied der Jury aktiv tätig bei vielen Veranstaltungen wie dem Businessplan-Wettbewerb 123Go, dem Debeka Hackathon und als Experte für den Deutschen Gründerpreis.

Wächter hat das Startup Sales Canvas ® entwickelt und als Wortmarke beim Deutschen Patent- und Markenamt schützen lassen.

Anfragen an den Autor per Mail sind willkommen: info@startup-sales-canvas.de.

Inklusive Arbeitshilfen online

Exklusiv für Buchkäufer!

Ihre Arbeitshilfen zum Download:

- **http://mybook.haufe.de/**
- **Buchcode:** IFT-8232
